超入門！
ニッポンのまちのしくみ

「なぜ？ どうして？」がわかる本

福川裕一 監修
青山邦彦 イラスト

淡交社

はじめに

「あのビル、なんでてっぺんがあんなにナナメになっているの？」
町を歩いていて、子どもにそう聞かれたとします。
そう言われると、なんでだろう？　そもそも理由なんてあるのかな？
答えられない自分と、そんな疑問、考えたこともなかった自分にふと気づく。

この社会には、皆が心地良く暮らすため、
人に迷惑をかけないためのルール＝法律があるのはご存じのとおりです。
私たちが暮らす町も、そのルールによって、
建築できるもの、できないものが決められています。
逆に言えば、町が「こういうかたちになっている」のは、
法律だったり、古くからの歴史や地形が影響していたり、
さまざまな理由が背後に存在する場合がある、ということです。
それに気づくと、目からウロコ、
明日からは世界がちがって見えるようになるかもしれません。

法律は時代によってどんどん変わります。
むずかしい言葉で、大人でもピンと来にくい場合もあります。
この本は、先生と生徒のかけあいをとおして、
できるだけかんたんな言葉で、
東京の話、昔の東京（江戸）の話、京都の話、
日本の都市特有の話、世界の都市に共通する普遍的な話など、
町の裏側にあるいろいろなからくりについて解説しています。

「子どものギモン」の形を借りて、
都市計画・まちづくりの分野で今よく話題になっている、
人口減問題などのトレンドテーマや、「ダイバーシティ」などの
キーワードを無理なく学べる構成にしています。

かんたんにとは言いながら、法律がからむ以上、
どうしてもむずかしい内容になっているところもあると思います。
もしお子さまに読ませるときには、
うまく補足して、その好奇心を刺激してあげてください。
（子どものみなさんは逆に、身近な大人がうまく答えられるか、
大人をテストしてみるのも面白いかもしれません！）

町にあるふしぎなものに気づくこと。
あたりまえのことを、ふしぎだと思うこと。
そんな小さなきっかけを与えることで、
やわらか頭の知的好奇心が満たされることを願って。
また、カチカチ頭に忘れかけていた、
「なぜ？　どうして？」が取り戻されることを願って。
この本が少しでも役立てばさいわいです。

千葉大学名誉教授　福川裕一

登場人物紹介

町で見かけた
「よくわからないもの」、
なんでも
質問受付中！

勉強になるなら
いいけど、
できれば
てみじかに
おねがいします！

女の子
小学校6年生。
中学校受験はしないけれど、
最近塾に行きだした。
タワーマンションまではいかない、中層マンションに住んでいる。
学校の勉強はよくできるが、将来の夢はまだ決めていない。
カンが良く、相手の言いたいことを察するのが得意だが、大人の長い話はちょっと苦手。

男の子
小学校6年生。
野球チームに入っているがバッティングが苦手。
大きな川の近く、郊外の一軒家に暮らしている。
勉強は宿題でせいいっぱいだけれど、最近ゲームの『マインクラフト』にはまり、建築に興味がわいてきている。

先生
本書のナビゲート役。
小学校教師になって10年。
ふだんはおだやかであまりしゃべらないけれど、
自分の専門分野（都市計画やまちづくり）の話題になるとかなりしつこい。
古地図を見ながら町歩きをするのが好きで、友だちはだいたい年上。

ケンチクは
好きだけど、
法律は
よくわかんない！

1章 鳥になって、まちを見てみよう

1-1
東京の町は、
なぜこんなに広いの?
☞26

1-2
なぜ都会の真ん中には
高いビルが集まっているの?
☞29

1-3
世界には
高さ800m以上のビルがあるけど、
日本にないのはなぜか? ☞31

1-5
日本には
「カベ」で囲われた町はないの?
☞35

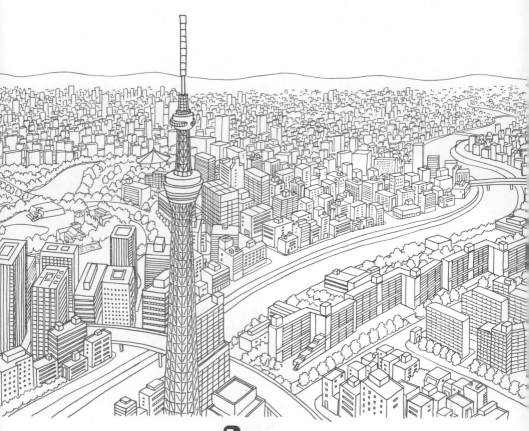

1-4
川ぞいに、屏風みたいに
並んでいる高い建物は
なんだろう?　☞33

2章 東京の厚化粧、はがすと「江戸」が見えてくる?!

2-1

江戸の町づくりは、
あるとっても大きなランドマーク(目印)に
影響を受けている。
なんだと思う? ☞38

2-3

江戸の町で、物はどうやって
運んでいたと思う?

☞42

江戸の町では
みんなどこの水を
飲んでたんだろう？　☞44

江戸の町に
影響を与えたランドマーク、
富士山以外にもあるんだ。
それはなんだろう？　☞40

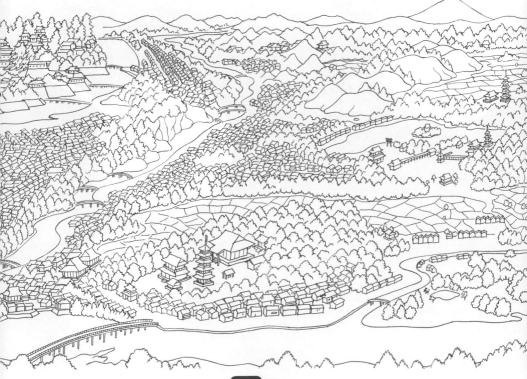

2-5
富士山が見えないのに
「富士見」っていう場所が
たくさんあるのはなぜだろう？　☞47

3章 都市の「はて」をめざして

町はどこまでが都会で、
どこからがそうじゃないの？
☞49

なぜ都心にばかり
いろいろな物が集まっているの？
☞56

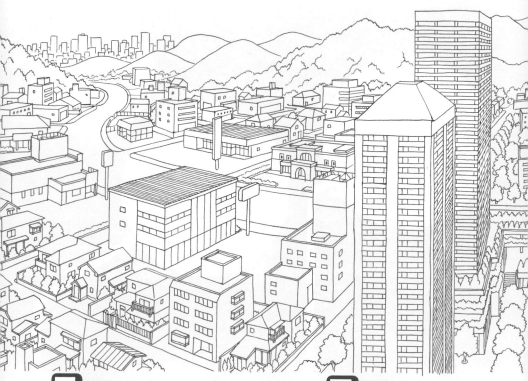

3-2
郊外に
大きなお店が
たくさんあるのはなぜ？ ☞51

3-3
住むなら
郊外の一戸建てか、
都心のタワマンか？ ☞53

3-6
コンパクトシティって
どういうもの？
☞61

3-7
大学ってどうして
郊外に多いの？　☞64

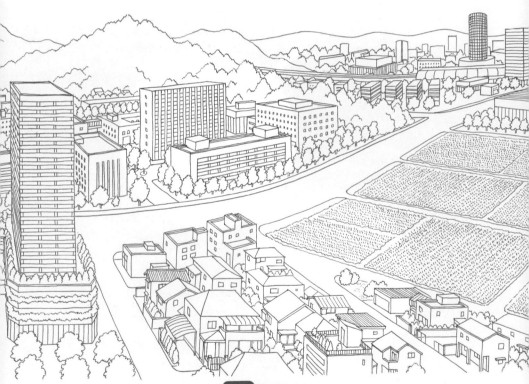

3-5
こちら側は家ばっかり、
道をはさんであちらは田んぼばっかり。
なにがちがうの？　☞59

4章 地域で変わる、まちの性格

4-1
町には人間みたいに
いろんな
性格があるって
知ってる? ☞66

4-3
山の手のほうが
庭の広い大きなお屋敷が
多いのはなぜ? ☞70

4-4
見た目そっくりの家が
なんできれいにそろって
並んでいるの? ☞72

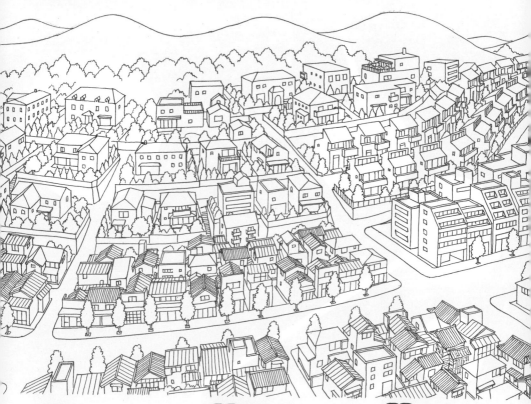

4-2
坂の上と下で、
町のようすが
ずいぶんちがうのはなぜ?
☞68

4-5
ビルの頭が
同じくらいの高さで
ナナメに切られているのは
なぜ? ☞74

4-12
ボロボロの空き家、
なんで
こわさないの?
☞92

4-7
段々畑みたいな
形のマンションは、
なぜあんな形
なんだろう？ ☞78

4-8
ビルは
なんでいろんな
高さで建って
いるの？ ☞81

4-11
なんで
高いビルの間に
古い家が
残っているの？ ☞90

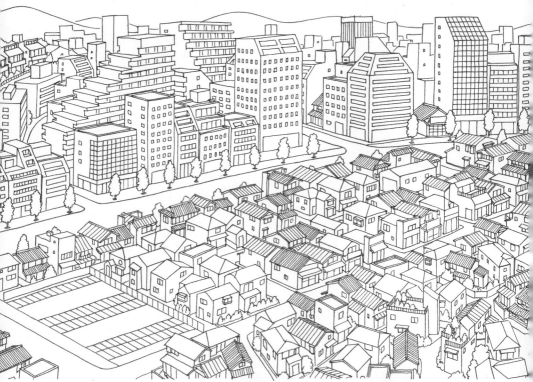

4-6
同じ場所でも
「ナナメビル」と
そうでない建物が
あるのはなぜ？ ☞76

4-10
大きな駐車場が
アパートに
なっちゃった！
なんで？ ☞87

4-9
あっちは広い土地、
こっちはせまい土地に
曲がった細い道ばかり。
なにがちがうの？ ☞85

5章 まちなかにつくられた「いこいのみどり」

5-1
家ばっかりの中に
なぜここだけ
ぽつんと畑があるの?

☞94

5-3
そもそも、町にはなんで
たくさん公園があるの?

☞100

都会のビルの下に
森みたいに木が多い場所が
よくあるのはなぜ?
☞98

公園の中に大きなビルが
あまり建っていないのはなぜか?
☞102

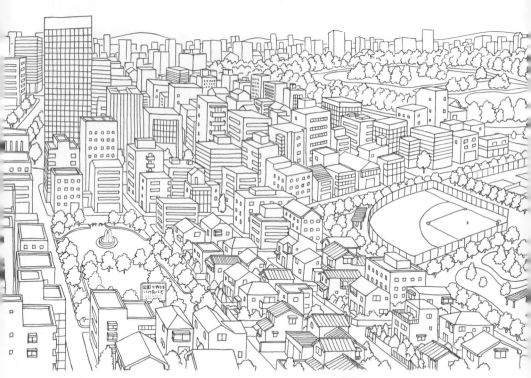

どうして公園は
「やっちゃいけないこと」
だらけなの? ☞106

都心の大きな公園、
もともとなんだったと思う?
☞104

6章 まちのおへそ？「広場」について

6-3
現代の町で「広場」って言える場所には、どんなものがあるかな？その②
☞115

6-2
現代の町で「広場」って言える場所には、どんなものがあるかな？その①
☞112

6-5
東京駅の復元にかかったばく大なお金は、どうやってつくったか？
☞119

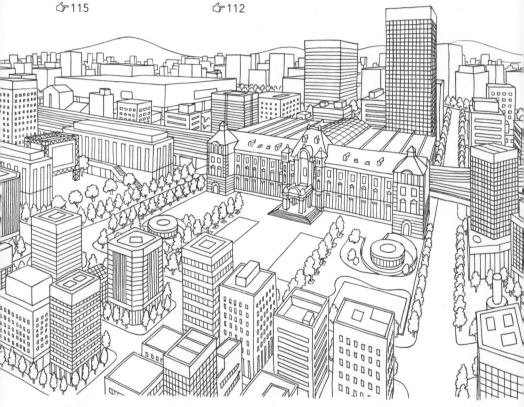

6-4
「四つ角」＝辻は、広場にならないか？
☞117

6-1
駅前って、たいてい広場になっているのはなぜ？
☞108

まちなかの「たまり場」をさがして

7章

7-1
空き地で、
お祭りみたいな
イベントをやっていた！
☞121

7-2
工場や倉庫ばっかり
だった場所に
おしゃれなカフェが
増えたのはなぜ？
☞123

7-3
神社やお寺って
コンビニより多いって
ホント？ ☞125

7-4
古い建物に
お店がいっぱい！
なんで集まってるの？ ☞127

7-5
まちの空きスペース、
なにかうまい使い道
ないのかな？ ☞129

8章 「みち」ってもっと楽しくならないの?

8-1
道って
どこまで行っても
つながっているの? ☞132

8-3
カンバンって
どうしてこんなに
たくさんあるの? ☞138

8-2
どうして道で遊んじゃ
いけないの? ☞136

8-4
「プロムナード」って
なに? ☞140

B-6
なんで日本の町は
電柱・電線だらけなの?
☞144

B-7
自転車専用道路って
なんであんまりないの?　☞147

B-5
地下街って
ゴチャゴチャしすぎ!
なんで?　☞142

水となかよく暮らすには

河川敷には
なんで広いグラウンドが
あるの？
☞161

9-1

隅田川には
なんでいろんな形の
橋がかかっているの？　☞149

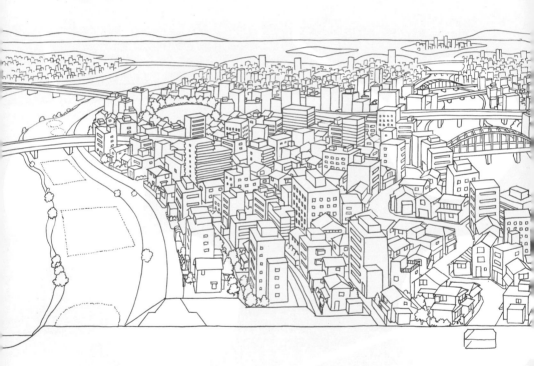

9-2

え、ここも
堤防なの？
☞151

9-3

なぜここの道は
こんなにグニャグニャ
曲がっているの？　☞154

###
なんで首都高は
お濠の上を
走っているのかな？ ☞159

###
雨ってどこに
流れていくの？
☞157

9-7
人も通れないくらい
細い橋が川にかかっていた！
なんで？ ☞163

なにがちがうの？
京都のまちの暮らし方

10-5
京都のお店の看板の色は、なぜほかとちがうの？
☞176

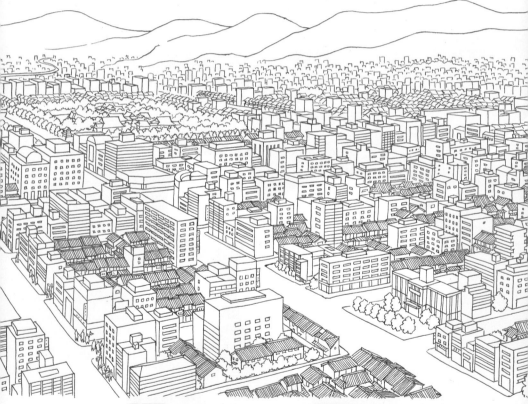

10-3
京町家のなぞ①
なんでこんなに長細いの？
☞169

10-4
京町家のなぞ②
ふつうの家とどうちがう？
☞173

10-1
京都にはどうして
まっすぐの道が多いの?
👉165

10-6
日本ではじめて
小学校ができたのは
京都ってホント? 👉178

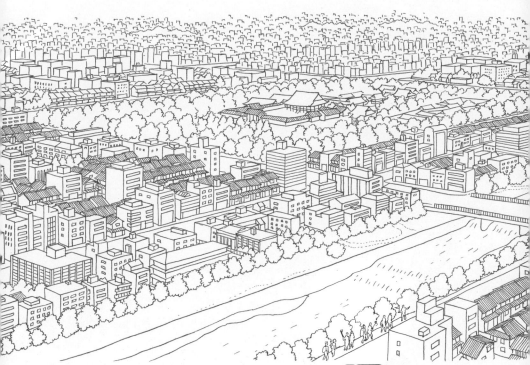

10-2
京都はなんで
観光客が多いの?
👉167

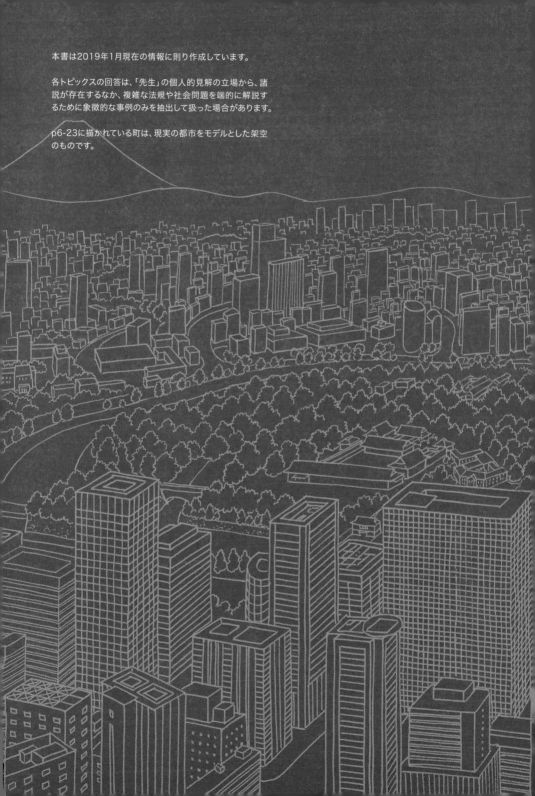

本書は2019年1月現在の情報に則り作成しています。

各トピックスの回答は、「先生」の個人的見解の立場から、諸説が存在するなか、複雑な法規や社会問題を端的に解説するために象徴的な事例のみを抽出して扱った場合があります。

p6-23に描かれている町は、現実の都市をモデルとした架空のものです。

超入門!
ニッポンの まちの しくみ

「なぜ？ どうして？」がわかる本

東京の町は なぜこんなに 広いの?

東京って、とにかくビッシリ家が建っていますよね。
なんでこんなに広がってるんだろう?
地平線のかなたまで、ずっと建物があるぐらいだ!

それはね、東京にどんどん人が集まってきて、
その人たちのための住宅を
どんどん郊外へつくっていったからなんだ。
まず、ふつう世界の都市では、市街地が広がらない
ようにするためのルールをつくっていることが多い。
東京でも昔、まわりを緑で囲んで、それ以上
町が広がらないようにする計画があったけれど*1、
人口が増えるスピードに追いつかなかったんだ。

*1
「東京緑地計画」(1939年)と「首都圏整備計画」(1958年)。前者は都心から16kmの場所に幅2kmの環状緑地帯をつくる計画。後者は同じく都心から20-30kmをグリーンベルト(近郊地帯)にする計画だった。

どういうことですか?

町を緑で囲むこと、それを「グリーンベルト」をつくるって
いうんだけれど、それには2つの方法がある。
ひとつは、国が買い取って公園にすること。
もうひとつは、土地が住宅地にならないような
ルールをつくることだ。

買い取るのって、すごくお金がかかりそう……。

そうだね。だから、ルールをつくるほうが早い。
だけど、家を欲しい人はいっぱいいるから、
それをストップさせちゃうルールなんて、
なかなか賛成はされにくいよね。

つまり計画はつくったけど、実現はできなかったってわけ。
それで町はどんどん広がっていったんだ。
ひとつ、面白い話があるんだ。
東京のまわり、
神奈川とか埼玉とか千葉とかを含めた広い範囲を
「首都圏」とか「東京大都市圏」って言うんだけれど、
その市街地の規模は約14,000㎢。
**これは、世界の都市の中でも
トップクラスの広さ**なんだよ。
その中にどれくらいの人が住んでいると思う?

それ、こないだ習いました。
東京の人口は、たしか1300万人くらい？

いやいや、実は「首都圏」で数えたら
なんと**3800万人**以上になるんだ。
インドのデリーや中国の上海をおさえて、
ダントツで世界一の数なんだよ *2。
数もそうだけど、
日本の全人口に対して首都圏の人口の占める割合が
どんどん増えているんだ。30%に近づいているんだよ。

*2
出典：「The World's cities data booklet」より（国際連合、2016）。

ヤバ！

「東京」が広い範囲にわたっていることは
世界のほかの都市と比べると、よりよくわかるよ。

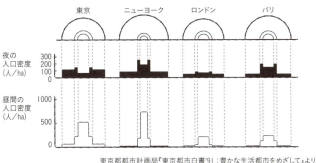

東京都市計画局『東京都市白書'91：豊かな生活都市をめざして』より

鳥になって、まちを見てみよう

これは都市を輪切りにして、
それぞれの夜と昼の人口密度を比べた図だ。
夜の人口を見ると、東京は凹型、ほかは凸型。
つまり、ほかの都市では都心にも多くの人が住んでいる
けれど、東京はあまり住んでいないことがわかる。
最近は都心に住む人も増えているみたいだけれどね。

そりゃ、電車が混むわけですよね……。

もうひとつ、これは、道路・公園・宅地の割合を比べた
データだ。

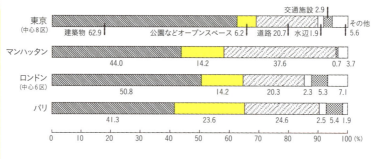

東京都都市計画局『東京都市白書'91：豊かな生活都市をめざして』より

東京は、オープンスペースって呼ばれる、
公園とかの「開けた場所」がとっても少ない。
つまりは、建物がとっても多いってこと。
建物がぎっしりつまった市街地が
遠くまで広がっているという現実が、
こうやって数字にも表れているんだよ。

人がどんどん都市へ集まってきて、それを食い止めるのも道路や公園を整備しておくのも簡単ではなかったんだ。

なぜ都会の真ん中には高いビルが集まっているの?

うーん、ひと言で答えるのはむずかしいな……。
じゃあ逆に、都心にビルがなかったら、どうなる?

人が多いから、すごいことになりそう……。

そうだね。地上に人があふれてしまうだろう。
東京の都心は、大小さまざまの会社が集まる
「**ビジネスセンター**」だ。
多くの人が働ける場所づくりを考えると、
横に広がるより、上に伸びたほうが
つごうが良いのはわかるかい?

うん。上に伸びれば、そのとなりにもビルを建てられる。
土地が効率良く使えますね。会社を回るのにも便利そう。

そう。ビジネスセンターの命は、
人と人、会社と会社の距離が近くて、
コミュニケーションを取りやすいことだからね。
オフィスがたくさん必要だったら、
不動産会社もいっしょうけんめいビルを建てる。
働く人が増えれば、ホテルやレストラン、
お店とかが増えて、またビルが必要になる。

それでじゃんじゃんビルが増えたんだ!

そう。ほかに、高いビルを建てられるようなルールに
したこともあるけど、それはまたの機会に(81ページ)。

鳥になって、まちを見てみよう

経済の原則から言えば、オフィスビルが必要とされれば
その場所の土地のねだんが高くなる。そうすると、
そのぶん元を取らないといけなくなるから、
都心のビルはどんどん大きく、高くなっていく。
ニューヨークなんかも、そうやってできた町なんだ。
でもニューヨークは、すごくせまいところに
高いビルが集まって建っていて、
ちょっと郊外に出たらすぐ森がある。
東京は逆で、高さもそこそこ、広さもそこそこのビルが、
広い範囲にみっしり広がっているのが特徴だね。
==なんにせよ、集まって暮らすのはメリットが多いんだ。==
たくさん人がいると、新しい文化が生まれたりするし。

たしかに。美術館とか劇場とか映画館とか、
やっぱり都会だけのものも多いですよね。

そうだね。東京の特徴で言ったら、
あともうひとつ。
都心には比較的大きなビル街や施設があるけれど、==東京の都心は、江戸時代、おさむらいさんの広いお屋敷とかが建っていた==ところなんだ。
いまの皇居には、徳川将軍の江戸城が建っていた。そのまわりを家来の大名たちが守っている形だ。
丸の内なんかは、大名たちのお屋敷があったおかげで
土地が細かく分かれなかった。
だから大きな建物を建てやすかった面もあるんだよ。

日比谷公園も大名屋敷の跡地。石垣は江戸城の遺跡だ

**都市は横に広げるより
縦にかさねていったほうが、
いろいろと効率が良いからさ。**

1-3 世界には高さ800m以上のビルがあるけど、日本にないのはなぜか？

うーん、そう言われると、なんでだろう。
日本一高いビルは300m•1くらいでしょ、
それより高いビルが世界にはあるんですか？

うん。中国の上海タワー（632m）とか
アメリカのワンワールドトレードセンター（約541m）とか、
ドバイにも800mを超えるビルが建っているし、
1000m超えも出てくるだろう。
でも、なんで日本にはそこまで高いビルがないか、
わかるかな？

*1 国内で一番高いビルは大阪の「あべのハルカス」（300m、2018年現在）。ただ2027年には東京駅のすぐそば、大手町に390mのビルが建設される予定だ。完成したらそれが日本最高になるだろう。

うーん……、あ、地震が多いから？

それも少しはあるかもしれない。
だけど、構造技術の面から言えば、
たぶんつくることはできるんだ。でもつくらない。
理由は、構造技術の話だけではないんだ。

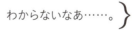
わからないなあ……。

じゃあ問題。
そもそも超高層ビルは、なぜつくられるんだろう？

それは、せまい土地にたくさんのゆかがつくれて、
効率がいいから？

鳥になって、まちを見てみよう

いや、実は超高層ビルはそんなに効率は良くないんだ。
その土地に建てられる建物のゆかの広さは、
都市計画っていうルールで上限が決まっているからね。
それに考えてごらん？
超高層ビルに人がたくさん集まったら、
移動のためのエレベーターもたくさん必要になる。
つまり、高くなればなるほど、
エレベーターをつくるスペースもたくさん必要ってわけ。
だから結局のところは、広い土地がいるってことなんだ。

そっか。じゃあ、世界の超高層ビルは
なぜ建てられたんですか？

それはね、「**新しい町のシンボル**」として
つくられることが多いんだ。
これから開発する場所だから、きびしい
ルールがない場合も多い。
日本はある程度開発された町が多いだろ
う？
だから、いろいろな法律で「してはいけない
こと」が決められている。
たとえば飛行機のじゃまになるビルは、
空港近くに建てられない*2。
日本は若い人が少なくて年寄りが多い、
発展途上国の真逆の、成長しきった国だ。
そこに高いビルを競ってつくる必要があるのか、
新しい建物がそんなに必要なのか、っていうことが、
そこまで高いビルがない理由のひとつだと思うよ。

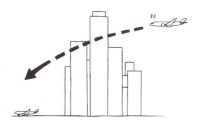

*2
「航空法」（こうくうほう）っていう
ルールで決められている。羽
田空港が近くにある東京の都
心には、いろいろな高さの規制
がかかっているんだ。

現代の日本では、
そもそも高いビルは
そこまで必要とされていないんだ。

1-4 川ぞいに、屏風みたいに並んでいる高い建物はなんだろう?

前に東京スカイツリーから隅田川を見たとき、川ぞいに大きな建物がなにかの基地みたいに並んで、カベをつくっている場所があった。あれはなんですか?

 隅田川の東側のところだね。
ちょうどスカイツリーのまわりのあたりは、1923年の関東大震災で火の海になった場所なんだ。それで、また災害が起きて被害が出るのを防ぐために、火事になったときの避難場としてつくられたんだ。

建物全部が避難場ってことですか?

 そう。「都営白鬚東アパート」っていう。
建物は大きな一枚のカベになって、火や熱をさえぎる。
建物と川の間は、避難できる広場だ。
さらに、建物の上にはタンクがあって放水設備が付けられているんだ。

すごい、本当に基地みたい!

 日本は木造の建物が多くて火事になりやすい。
関東大震災のときは、工場跡地に逃げ込んだ大勢の

鳥になって、まちを見てみよう

人が焼け死んだ。
だからこういうくふうをしたんだよ。

じゃあ、日本にはこういう建物がたくさんあるんですか？

火事を防ぐことを目的とした建物はけっこうあるけど、
ここまで巨大なものはお金がかかるからなかなかない。
大きな敷地もいるし、それに大がかりすぎて
町の雰囲気がこわされてしまうのも問題だからね。
でも、火事は防がないといけない。そこでどうするか。

燃えにくい建物を増やせばいいんじゃ？

そのとおり。お金をかけて大きなものをつくるより、
一つひとつの建物が燃えにくくなるようなルールを
つくれば、火事自体を減らせるよね。
だからたとえば、
中心地や大きな道路ぞいに建物をつくるとき、
カベや屋根には**燃えにくい材料を**
使わないといけないって決まっているんだ。
病院やデパートとかでは
外側だけじゃなくて、建物の中身（内装）にも
そういう材料を使わないといけないって
決まっているんだ。

火事のとき、それ以上
燃え広がるのを防ぐための
防災拠点なんだ。

1-5 日本には「カベ」で囲われた町はないの?

このあいだテレビで、カベに囲われた外国の町を見たんだけど、ああいう町は日本にはないんですか?

ぐるりと石壁に囲まれた町だね。フランスのカルカソンヌみたいな?

それはわかんないけど、こんな感じの↓。『進○の巨人』の町みたいな。

……こういう町は日本にはないなあ。でも代わりに、お濠や土塁(土を盛り上げてつくるとりでや土手のこと)で囲まれている町はあったよ。
たとえば、大阪の「堺」って町は、そこで暮らす商人たちが、自分たちの手でお濠をつくって町を守っていた*1。それと、実は京都の町もそうなんだよ。

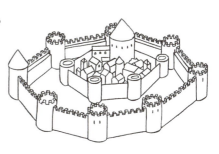

え、そうなんですか?

*1
そういう町は「自治都市」(じちとし)って呼ばれているよ。

うん。豊臣秀吉が「御土居」と呼ばれる土塁で、京都の町の外側をすっぽり囲んだんだ(167ページ)。そして江戸の町もそう。いまの千代田区くらいがすっぽりお濠や石垣で囲われていた。お城だけでなく城下町もすっかり囲んだそれは「総構え」って言われていて、その入り口は見はりが立つから「見附」と呼ばれた。

鳥になって、まちを見てみよう

今も石垣が残っているよ。

ふうん、千代田区くらいって、すごい広さ！

 日本の場合は、カベじゃなくて
川とか斜面とか、
自然の地形を利用している場合が多いね。
ただ、お城を中心として発達した町、つまり「**城塞都市**」
*2 っていう意味では、江戸の町もヨーロッパの「カベの
町」も、あんがい近い性格のものかもしれないね。

*2 ほかには、小田原城、大阪城、姫路城とその城下町も、城塞都市と言えるだろうね。

へえ。やっぱり世界中たくさんの町が、
敵から身を守るための場所だったんだ。

 そうなんだよ。そういう日本の城下町には、
お寺を集めた「**寺町**」っていう場所が
つくられていることも多いんだけれど、
なぜだかわかるかい？

お寺？　お墓参りしやすいように？

 残念、ちがいます。
寺町は城下町を囲むように配置された。
町を敵から守るための場所でもあったんだ。

へえ、意外。

 お寺にはいざというとき、
多くの人が集まることができるからね。
建物もけっこうしっかりつくられていて、
寝泊まりもできるし、広いキッチンもある。
あとね、その寺町と名前がよく似たものに、
「**寺内町**」というものもあるんだ。それは寺のまわりに、
寺の守りを固めるようにできた町のことで、
城下町の「城」が「寺」に代わったようなものだから、

寺町とはぜんぜんちがうんだ。
また、お寺と関係が深いということでは、
「門前町」というのもある。
これは、お寺や神社の参拝客をめあてにした
お店とかが集まって栄えた町だ。

うん……。

「城下町」「寺町」「寺内町」「門前町」、
ほかに農村に自然に生まれたような「在郷町」とか、
大きな街道ぞいの「宿場町」とかもあるね。
成立のしかたによっていろんな呼び方があって、
それぞれの町に特有の形や機能があるんだ。
たとえば城下町なら、簡単に城にたどり着けないように
道が折れ曲がっていたり、街道ぞいにできた宿場町は、
その道を中心に町ができたから一本道になっていたり。
ただね、それぞれの町が、たくさんの特徴をあわせて
持っている場合も多いんだ。
宿場町でも折れ曲がっていることもある。
だから、寺町だからこう、宿場町だからこうだって
決めつけることはできないし、
現代ではそのちがいも見つけにくくなってるけど、
自分の町がどういう成立のしかたをしているか、
歴史をさぐってみるのも面白いと思うんだ。

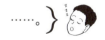
……。

いつのまにか寝てるし！

カベにすっぽり囲まれた町は ないけれど、「敵から身を守るため」にできた町が 多いのは世界共通さ。

鳥になって、まちを見てみよう

2-1 江戸の町づくりは、あるとっても大きなランドマーク（目印）に影響を受けている。なんだと思う？

東京は関東大震災、そして第二次世界大戦があって、江戸時代の建物はもうほぼ残っていない。
ただ、**ベースには「江戸の町」がある**から、東京を知るのに、江戸の町のなりたちを知るのも大切なことなんだよ。

へええ。皇居が江戸城だったことは知ってるけど、ほかになにか残ってるんですか？

何か残ってるどころじゃないよ。影響ありまくりだ！

ちょっ、先生、こわい……。

おっと、ごめんごめん、取り乱しました。
江戸の町が本格的につくられたのは、徳川家康が幕府を開いた1600年以降のこと。
はじめのころに住んでいたのは15万人くらいで、町をつくるとき、
まわりの地形のなにかを目印にして、そこに向かって道路を敷いたりしたんだ。その目印って、なんだと思う？

まわりの地形かあ。じゃあ高くて目立つ丘とかかな？

お、それも正解。

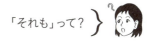「それも」って?

上野や本郷のあたりは台地になっているから、
そちらもたしかに目印にされた。
ただし、いちばん代表的な目印は、
もっと遠いところにあるものだ。

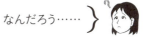なんだろう……

それは、実は富士山なんだ。

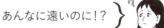あんなに遠いのに!?

江戸からは約100km離れているけれど、
やっぱりインパクトはすごいよね。
当時は高い建物もないし空気もきれいだっただろうから、見え方も全然ちがっただろう。
あれだけ大きくてきれいな姿だから、それだけで崇める(神様のようにうやまう)対象になったんだ。
だから自然と、富士山を向くように道がつくられたんだろう。
富士山から遠い西日本にくらべて、東日本の地域一帯には、こういうふうに富士山を神様のように大事に扱う文化が多く残っているんだよ。

広重画『名所江戸百景』より「するがてふ」

**答えは富士山。
どこからでも見える、
江戸の町のシンボルだったんだ。**

東京の厚化粧、はがすと「江戸」が見えてくる?!

2-2 江戸の町に影響を与えたランドマーク、富士山以外にもあるんだ。それはなんだろう？

 これは江戸の町のへそ、中心地をかんたんに表した図だ。

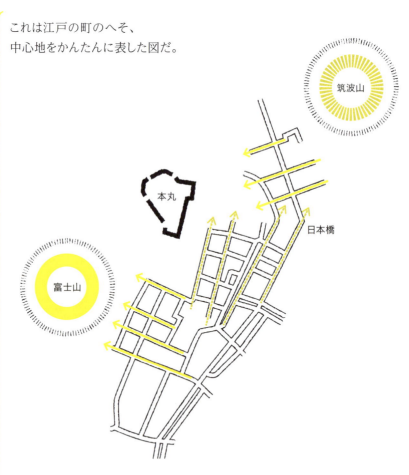

メインの大通りは、どちらの方角を向いているか。
そしてその延長線上には、なにがある？

ひとつはさっき言ったように、
富士山を向いている道がある。
日本橋の西や南側、銀座があるあたりの道だね。
もうひとつ、南北に通る道は
主にどこを向いていると思う？

うーん、わからない……。

 実ははるかかなた、
茨城県の筑波山のほうを向いているんだ。
筑波山は標高1000mもないけれど、
真っ平らな関東平野から見ると
とっても目立つ山だからね。
そして、江戸城から見ると
ちょうど北東の「鬼門＊」の方角にある。
だから、そこを上手く守れば
江戸の町は安心、って考えたんだ。
だれが考えたんだと思う？　それは江戸をつくった人、
つまりは江戸幕府をひらいた人だよ。

＊鬼が出入りするといわれる、不吉な方角のこと。

徳川家康だ！

 そう、家康は筑波山を大切な場と考えて、
神社もつくったんだ。

答えは筑波山。
あの徳川家康が、
江戸城の守りとして
大切な場所と考えたんだ。

東京の厚化粧、はがすと「江戸」が見えてくる?!

2-3 江戸の町で、物はどうやって運んでいたと思う?

 クルマもない江戸時代、
どうやってたくさんの物を運んでいたんだと思う?

あ、知ってる。馬車でしょ馬車。

 ブブー、残念、大ハズレ。馬車は走っていませんでした。

え? うそでしょ? なんで?

 江戸幕府が禁止していたんだ。
理由はいくつかあるみたい。
大量の荷物を運べないようにして
反乱を防ぐのがひとつ、
それに、馬に乗れるのは武士だけの時代だから、
商人が馬を扱うのがイヤだってこともあったみたい。
道も整備しないといけないしね。正解はなんだと思う?

馬じゃないなら、牛とか?

 牛車は昔からあった。まあ正解。
あと、人を乗せるカゴや荷車だね。
でも、もっと大きな荷物を速く運べる手段があったんだ。
それは、道を使わない方法さ。

うーん……、あ、道じゃないなら、川ですか?

大正解! 江戸の町は「水の都」だった。

江戸はもともと、
海の水が入り込む土地の低い湿地帯だった。
そこを埋め立てて人が住めるようにして、
同時に物資や人を運ぶための水路「運河」をつくった。
誰がつくるように仕組んだと思う？

これも、徳川家康ですね！

そのとおり。重くて大きい物も
舟なら楽に速く運べる。
荷物が運ばれた所に荷物を保管する倉庫ができて、問屋ができて市場ができて、まわりにはそこで働く人のための商店や飲食店もできた。
そういう豊かな物流があったから、人がたくさん集まる、にぎやかな町になっていったんだ。
18世紀には、江戸は100万人以上が暮らす、当時の世界最大級の都市になった。
そうなったのも運河のおかげなんだよね。

広重画『名所江戸百景』より「日本橋雪晴」

イタリアのヴェネチアも運河が有名ですよね？

そうそう。**町が栄えるためには、水が大事**だってことだ。
世界を見ても、大きな町はだいたい海か川か湖、
水辺に近いところにあるんだよ。

大きな物を運ぶのに
いちばん効率が良いから、
運河がはりめぐらされて
いたんだよ。

東京の厚化粧、はがすと「江戸」が見えてくる?!

2-4 江戸の町ではみんなどこの水を飲んでたんだろう?

江戸ってたくさん人が住んでいたんですよね?

うん、江戸幕府の終わりごろで100万人以上だそうだ。

ビルもないところででしょ、それって結構すごくないです?

そうだね、町人が住む場所は
かなりギュウギュウだったとか。

みんなの家にお水はちゃんと通っていたのかな?

いいところに気づいたね。**町をつくるうえで水をどう取り込むかは大きな問題だ。**
とうぜん家康もそう考えて、
水の取り込み方＝「治水」を大切にしたんだ。
最初に、大きな川の流れを変えたり
堤防をつくったりした。

まずは洪水対策ってことですね。

そういうことだね。そして井戸を掘った。
でも海が近かったから、
しょっぱくて飲み水にむかなかった。

やばいじゃん。どうしたの?

もともと通っていた川をうまく使ったんだ。

ひとつは井の頭池が水源の、神田川の流れを使ってつくった上水道。「神田上水」だ。

上水って、聞いたことある。飲み水用ってことですよね？

そうそう。そのあとしばらくして、だんだん神田上水だけじゃ足りなくなってきたから、多摩川の上流から水を引っ張って、四谷あたりまで通す「玉川上水」を作ったんだ。
そこからこんな感じの、木の水道管を通して、町中にだいたい水が届くようになった。

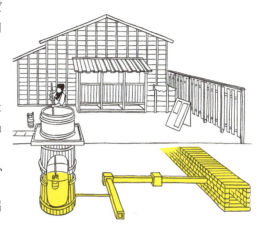

よかった、これでみんなお風呂に入れる。

でも簡単に言うけど、実はこれ、とんでもないことなんだよ！
玉川上水の全長は40km以上ある。
それだけの距離を、水がきちんと流れるようにしないといけない。

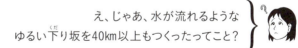
え、じゃあ、水が流れるようなゆるい下り坂を40km以上もつくったってこと？

そうなんだけど、実はもとの地形自体が下っていたんだ。
東京は西のほうにたくさん山があって、東に行くほど低い土地になっている。西から東へ、尾根のいちばん上に通したんだ。

東京の厚化粧、はがすと「江戸」が見えてくる?!

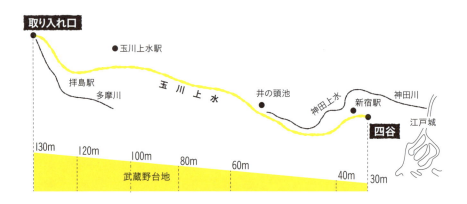

なんだ。たまたまラッキーだったんだ。

いや、そうなんだけど、
そういう地形になっているってことを、
当時の技術で見抜いたこともすごいんだよ。
東京が発展したのは、地形的な偶然のキセキと
それを見抜いた人間のすごさのおかげ、って
言えるんじゃないかな。

もともとの地形をうまく使いながら、
上流の川や湧水の水源から
町まで水を引き入れて
飲み水を確保したんだよ。

2-5 富士山が見えないのに「富士見」っていう場所がたくさんあるのはなぜだろう?

関東の町には
「富士見町」「富士見坂」「富士見台」って地名が
けっこうあるけれど、
実際には富士山が見えないことも多いよね。
それはなぜだと思う?

わかった、あとから高いビルができたから、見えないんだ。

そのとおり。「富士見」っていう地名は、昔はそこから
富士山が見えたっていうなごりなんだね。

でも、そこに住む人にしたら、ビルができて
ながめが変わると迷惑ですよね。それは止められないの?

むずかしいね。日本は戦後、豊かになることを一番に
考えていたから、最低限のルールを守っているかぎり、
ある程度自由に建物を建てられるようにしていたんだ。
となると、景色を守ることは
後回しになるのはわかるかい?

うん。「景色が悪くなるから建てないで」って言っても、
「建てなかったら会社がつぶれちゃう」と言われたら
言い返せないよ。

そうだね。そしてそれがつもりつもって、

東京の厚化粧、はがすと「江戸」が見えてくる?!

ごちゃごちゃしたまちなみができたともいえる。
でも今は、きれいなまちなみを守ることにも
意識が高くなっている。
古くからの観光地とか特別に決められた場所では、
それを守るためのルールもつくられているよ(70ページ)。

昔はあらゆるところから
富士山が見えたけど、
見えなくしたのも僕たち。
町はいろんな人の思いが
まじわってできているんだ。

3-1 町はどこまでが都会で、どこからがそうじゃないの?

どんな都市も、ほかの都市へ行くための道路が
放射状につくられているのが基本だ。東京なら
東海道、甲州街道、中山道、日光街道、奥州街道と
江戸時代からの大きな5つの街道が
ほかの町に向かって延びている。
さて、大きな道路を進んで都心から離れると、
町並みはどう変わってくるかな?

高いマンションが少なくなって、低い建物ばかりになる。
ファミレス、スーパー、ラーメン屋さんとか、
大きな建物が広い駐車場で囲まれてる。
田んぼも畑も、空き地も多くてスカスカしてる。

都心から20km以上離れると、
駅のまわりや住宅団地以外は
だいたいそういう感じだね。
これを「郊外」っていうけれど、
昔はもっと都心よりのところが郊外だった。
明治時代は、新宿だって郊外だったんだよ。

新宿が郊外なら
うちはいったいなに? ほぼ山?

まあ、それは置いておいて……。
そこから鉄道がつくられ、駅を中心に町がつくられ、
住宅地がつくられ、子どもがいる家は郊外に家を買って
都会に電車で出て働く、っていう生活パターンが

「ふつうのこと」になっていったんだ。

でも、都心のマンションにもたくさん人が住んでいるよ。

もちろん。実は最近は
郊外より都心の人口が増えているんだ。
バリバリ働く若い人はもちろん、
リタイヤしたお年寄り世代にも、
なにをするにも便利な都心がまた人気を集めている。
もちろん広い家は高いから
コンパクトに暮らすのが主流だ。
一方で郊外はお年寄りは増えても、人口が減って店が
閉まり、「買い物難民」*が増えるという
すごく深刻な問題も生まれているんだ。

＊近くに公共交通機関がなく、日用品の購入も困難な場所に住む人たちのこと。

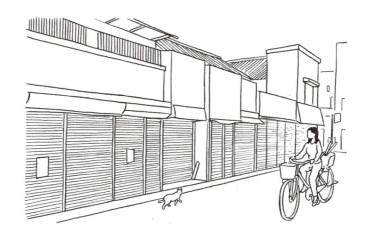

はっきりしたさかい目はなくて、郊外も広がり続けているんだ。

3-2 郊外に大きなお店がたくさんあるのはなぜ？

どこのお店も同じように、大きなカンバンがあって駐車場が広い。なんで大きいお店ばかりなんですか？

大通りぞいに並ぶこういう大きなお店は、
「ロードサイドショップ」って言われているね。
いま郊外はこのタイプの店がほとんどだよね。
とにかくすべてが広い。

なんか、アメリカっぽい。

日本でもなんでそういう大きなお店が増えたと思う？

そんなのカンタン。
クルマで入りやすいからですよね。

そうだね。
郊外に住む人は主に車で動くから、
車で簡単にアクセスできて
たくさん買えてとても便利だ。
品ぞろえも豊富で、一カ所でいろんな物がそろうから
ほかに行く必要がなくなる。
郊外は土地が安いから、
店も駐車場もたっぷり広くつくれるのが大きいよね。
でも、一気にこういう店が増えたのには、

実はある大きなきっかけがあったんだ。

なんだろう、大きなチェーン店が入ってきたとか？

お、なかなかいい読みだね。
そもそも大型店が増え始めた1970年代には、
昔ながらの小さなお店がつぶれないよう、
大型店をつくるのに制限をかける法律があったんだ。
でも、1990年代になってアメリカが
「その法律が、アメリカの会社の日本進出を
妨げている」と、日本に圧力をかけたんだ。
それで別の法律*ができて、
そのルールを守りさえすれば
小さな店を気にすることなく、
大きい店を建てられるようになった。規制緩和だ。

キセイカンワ。ルールのしばりをゆるめるってことですよね。

そう。そして郊外や地方の都市には、
ロードサイドショップやショッピングモールが
たくさんできて、日本の昔ながらの商店街は
競争に負けて店を閉め、「シャッター通り」が増えた。
よく「日本の郊外はどこも同じ景色だ」
なんて言われていること、聞いたことないかい？
そういうまちなみは、
こういう流れでつくられていったんだ。

*
「大規模小売店舗立地法」のこと。この法律はそれまでとちがい「まわりの環境を保護する」という基準を打ち出して、渋滞や騒音問題を出さないことを店に求めた。逆に言えば、これさえクリアすれば、大型店を出すことが簡単になった。結果、環境問題をクリアしやすい郊外に大型店が進出。客足が流れ、市街地の商店街の空洞化がいっそう進んだと言えるんだ。

クルマ型社会に合わせた結果。
そして、アメリカに言われたことが
引き金になったんだ。

3-3 住むなら郊外の一戸建てか、都心のタワマンか？

この前わたしの両親、戸建てに住みたいって話してた。

うちは逆だよ。マンションに住みたいって。
しかも都心に近くて、駅も近いところ。タワマンがいいな。

 タワーマンションかあ。どうして？

やっぱりカッコイイし、おしゃれだし。セレブって感じ。

わたしは戸建て派。庭もあって、音もつつぬけじゃないし。

一戸建ては大変だよ。庭、すぐ草ボーボーになるよ。

マンションだって大変よ。
近所のベランダで誰かがタバコ吸うとすごくクサイし、
なんか管理組合っていうのが仕事が多くて大変だって、
お父さん、いつも言ってるもん……。

 まあ、それぞれ長所と短所があって、
どっちかを選ぶとなると、好みの問題が大きいよね。
ただ「しくみ」として、郊外の戸建てと都心のタワマン、
それぞれが抱える問題については
知っておいたほうが良いと思う。

郊外の戸建ては何が問題なの？

前にも言ったとおり、

都心以外の人口はどんどん少なくなっている。
人がいないとお店がなくなる、学校も病院もなくなる、
つまりは生活に必要なものがまわりになくなってしまう。
そういうところは人気がなくなって、
ゴーストタウンになっていく……。

どんどん悪い方向に行っちゃうね。じゃあ、タワマンは？

タワマンは、時間が経ったあとが問題だ。
今はピカピカでも、いつかは大規模な修理をしたり、建て替えなければならないときがくる。
ただ、その工事にどれだけお金がかかるか、実は誰もわからないんだ。
クレーンを使うとかすごく大がかりになって、工事ができる会社も限られてくる。
普通のマンションよりもお金がかかることはまちがいない。
もちろん、修繕(直すこと)のお金は住んでいる人が
少しずつ貯めるんだけれど、足りなくなるかもしれない。
そうなったらだれが払う？

「うちはお金がない」っていう家もありそう。

そう。大きなマンションで全員がOKするのは大変だ。

最悪、建て直しできないってことも？　ひどい！

まあね。タワマンは90年代後半から、
ルールをゆるめて都心の一部で建てられるように

していった結果、どんどん建っていった。
高い建物をつくったほうがもうかるからね。
でも「売りっぱなし」の面もあった。
将来どうなるか、計画どおりに進むかなんて
だれもわからないまま、
タワマンはいまもどんどん建っているんだ。

うーん、タワマン、親に考え直してもらおうかな……。

戸建てだって、よく考えなきゃ。
人が少ないより、にぎやかなほうが面白そうだし。

じゃあさ、都心に近い戸建てか、
タワマンじゃないマンションが最高なんじゃない?

それもそうかもね!

ま、まあ、なにが最高かは、暮らし方の問題だね……。
大切なのは、いろいろな選択肢(せんたくし)があることを
早いうちから知っておくことだよ。
なんてったって大人には
自分で好きな暮らし方を選べる自由があるんだから!

なんか大人って大変そうって思ってたけど
そう言われると楽しそう!

どこに住むのも自由、暮(く)らし方も自由。でも「リスク」については知っておくこと!

都市の「はて」をめざして

3-4 なぜ都心にばかり いろいろな物が 集まっているの？

郊外のほうをいろいろ見て、都心に戻ってくると、ギュウギュウづめで息苦しくなっちゃう。

 東京は首都だから、国の大事な機関や大会社の本社なんかがぎっしり集まっているね。前にも言ったけれど、それはとても効率的なことなんだ。
移動する手間もはぶけるし。
ただ、集まりすぎているデメリットもある。なんだと思う？

ええと、やっぱりゴミゴミしちゃうよね。

 そうだね。どこに行っても混んでいる。

人が多いから、住む場所もせまくなる！

 それもそうだ。とにかくせまい。

お家賃が高いから、あんまり都心に住めない。

 そうだ！　なんでこんなに高いんだ！

先生、落ち着いて。

 おお、失礼。家賃が高いから郊外に住む。
通勤電車が混んでみんなぐったりだ。あとはどうかな？

保育園とかもすごい競争率ですよね。

わたしのときも大変だったってお母さんが言ってた。

そうだ。保育所が足りないと、女性が安心して働けない。
子どもを育てにくいってことは、
産むときにちゅうちょする人が増えてしまうってことだ。
これはむちゃくちゃ大きい問題だ。
人口が減っちゃうんだからね。
そして、まだあるぞ、大きな問題が。

なんだろう。ヒントは？

ヒントは、じゃあ、ゴジラ。

ゴジラ？ うーん……。

むずかしいですね。ゴジラが来たら大変ってこと？

そうそう、そういうこと。
都市機能が一極集中型だと、災害に弱い。
何かあったときに建て直すのがとても大変だ。
心臓と一緒だね。
そこがもし止まったら、日本は一気に死んでしまう。
だから**「首都機能の移転」**とか**「地方創生」**っていうことは、ずいぶん前から言われているんだ。
でも、あまりうまく進んでいない。

なんでですか？

なかなかむずかしいね。まずお金がかかるし、

都市の「はて」をめざして

分散させたら景気が悪くなるっていう説も根強い。
でも、**このままだと地方がマズい**ってことは
確実なんだから、国になんとかしてもらわないとね……。
ところで「消滅可能性都市」っていう言葉、知ってる?

はじめて聞いたけど、町が消えちゃうってこと?

そう。この先人口が減って、
なくなってしまうおそれがある自治体のことさ。
2010年から2040年までの間で、
20〜39歳の女性の人口が半分以下に
減ってしまうとみられる町を調べたら、
なんと**全国の市区町村の約半分**が
それにあてはまったそうだよ＊。

＊
日本創成会議・人口減少問題
検討分科会が指摘(2014)。

ほんとうにとんでもないね……。

都市に人口を集中させて
経済をうまく回していくのもひとつ。
でもそれと同時に災害のリスク、
そして地方の人々が不自由な暮らしをしなければ
いけないことには、うまく対処してほしいよね。

大都市に機能が集中するのは
自然なことなんだ。
でもこれからは分散することも
考えなきゃ。

3-5 こちら側は家ばっかり、道をはさんであちらは田んぼばっかり。なにがちがうの?

これはけっこう大事なことだから、じっくり説明するね。
いまの日本は人口がだんだん減っている時代だけど、
第二次世界大戦後の日本には、
「**高度成長期**」(1950年代半ば〜70年代半ば)といって、
どんどん人口が増える時代があったんだ。

あ、前に話してくれましたよね?(26ページ)
「グリーンベルト」がうまくいかなかったんでしょ?

そうそう、よく覚えていたね。
東京全体を取り囲むグリーンベルトはダメだったけれど、
実はその中の緑を保護するしくみはできたんだ•。
東京の市街地はベターッと広がっているようだけど、
23区の外まで行くと、駅を中心として
その外に住宅地が広がっていて、
さらに行くと農地になるよね。
そういう「郊外の農地」を保護する制度がそれさ。
これによって、町は基本的に
開発を行える場所と、開発を抑える場所に分けられた。
開発できるほうは「**市街化区域**」といって、
東京のほとんどすべてはこれにあたる。
開発を抑えるほうは「**市街化調整区域**」。
文字どおり町になることを調整=制限するって意味だ。
調整区域には、新しい家は基本的に建てられない。
きびしい制度だけど、最近は規制緩和で

•「都市計画法」の制定(1968)。

調整区域にも建てられるように
していることも、けっこう多いんだ。

出た、キセイカンワ。カンワしてばっかり！

いまは人口がどんどん減っているだろ。そんななか、
「ウチは人を増やしたい」と考える市町村が
人を呼び込むためのとっておきの方法として、
調整区域に家を建てられるよう
ルールをゆるめることがあるんだ。
ただ、そういう町では、人口密度が薄い住宅地が
どんどん町の外側に広がっていく。
行き着くところは、スカスカしたスポンジみたいな町だ。

人が減るってことは、家もどんどん余るんでしょ。
なのにまた新しく家を建てるんですか？

そう。そういう空き家を活用せずに新しい建物ばかり
どんどん建てるのは、あまりかしこいとは言えないね。
それに人がちらばっていると、水道とか電気といった
ライフラインを整備するコストが余計にかかる。
だから人口が減っている地方の町では、
みんなができるだけ中心部に集まって暮らす
「コンパクトシティ」という考えを
取り入れているところもあるんだ。

町は、開発できる場所と開発を抑える場所に分けられているんだ。

3-6 コンパクトシティってどういうもの?

「コンパクトシティ」(前ページ)って、具体的にはどんな町?

ふむ。くわしく説明すると、これは生活に欠かせない場、たとえばお役所や警察、銀行とか病院、学校、お店なんかを町の中心にまとめて、多くの人にその近くに移り住んでもらって効率よく暮らしちゃおうっていう考えのことを言うんだ。このままだと人口密度が低くなってマズイ、って思っている多くの地方の市町村で、この考えのもと、新しいまちづくりが進められているんだよ。

町をコンパクトに、か。じゃあ、中心に人が集まるようにすればいいんですよね?

そう。どんな良い方法があると思う?

うーん、わたしだったら、町の中を動きやすいようにする。自動車が便利だから郊外へ広がるんでしょ。だったら、だれでもタダで乗れるバスを走らせるとか?

お、いいねえ。公共交通機関をうまく使うのはすごく有効だ。たとえば富山市ではかっこいい路面電車を走らせて、駅のそばに住めばクルマを使わずに生活できるようにしたんだ。ついでに市街地を走るクルマを減らすことにも成功している。

ほかに、自転車の無料レンタルをしていたりもするんだ。
それだけじゃない。中心地の家を買う人に補助金を出して、移住をすすめることも行われているよ。

富山市の路面電車「セントラム」

いいねそれ。コンパクト、いいじゃん。
それ、なんかうまくいきそうじゃないですか？

うん。ただし問題もけっこうあるんだ。

えー、どんな？

たとえば、郊外の人に移り住んでもらおうとしても、
中心部はとうぜん家賃や駐車料金が高い。
それにクルマでどこにでも行ける郊外型の生活に
慣れてるし、そもそも、長年暮らした場所を移るなんて
のは、だれだってイヤなもんだろう？

それはそうですね。自分でもやだもん。ハードル高い。

ほかにもある。たとえば町の中心に
お店がたくさん入る大きなビルをどんとつくったとしても、
郊外に大型店がそのままあったら、
クルマの生活に慣れている人は
なかなか中心には行かない。
だから地方の町では、中心地のデパートが
次々と閉店しているんだ。

そうですよね、ネットでも買えるし……。

問題はたくさんあるけれど、
国もお金を出すしくみをつくったりして
時代としてはコンパクト化を後押しする流れに
なっているんだよ。
「立地適正化計画」っていう言葉は知ってる?

ぜんぜん。

まあそうだよね。
これは簡単に言えば、
病院とか大事なものが集まるエリアを
中心地のあたりで決めて、
そのエリアを暮らしやすい場所にしていくための計画だ。
**国がそういうルールをつくって、
町をコンパクトにしようって考えている**わけさ。
でも極端なことを言えば、この先、それを無視して
コンパクトシティのはずれに住むことを選んだ人は、
**公共のサービスを受けにくくなる時代が
きてしまう**かもしれないんだ。

みんなで町の中心に集まって
かしこく暮らそうっていう
考えのこと。
これからの主流になりそうなんだ。

3-7 大学ってどうして郊外に多いの?

将来どこの大学に行こうか調べたときに思ったんだけど、大学ってどうして都心より郊外に多いんですか?

それはね、高度成長期(1950年代半ば～70年代半ば)に、都心に大きな工場や大学はつくれませんっていうルールがあったからなんだ*。
施設を充実させて学生を集めたい大学は郊外に移るしかなかった。とうぜん土地も安いしね。
それと、「広いキャンパスでの学生生活」って、やっぱり多くの人にとってあこがれだったんだよ、アメリカの影響でね。
それをマネした一面もあるんだろうね。

*「工場等制限法」といわれるルールで、都市部の制限区域内では一定面積以上の工場(1,000㎡以上)、大学の新設・増設などが制限されていたんだ。

たしかに。広い芝生に座ってランチとか、大学ってそういうイメージ。

でも実は最近は、都心にキャンパスを移す大学が増えてるんだよ。

そうなの? 意外。なんでですか?

さっき言ったルールが役目を終えて、2002年になくなったのがひとつ。
もうひとつ、いまは受験する人数そのものが少ないから、大学は「受験生に選ばれる」ために必死なんだ。
それで人を集めやすい都心にキャンパスを移している。
結局、日本の人口が少なくなったことが

大きな理由なんだよ。

ふうん。でもそうだよね、できれば通学しやすいほうがいい。

都心なら授業後に遊ぶところも多いし、バイトも見つけやすそう。

そうだね、職種も多いし時給も高いだろう。
就職活動にも便利だし、
いろんな情報も集めやすいよね。
ただ、そこで問題になるのは、残された郊外のほうだ。
学生がいるから店やアパートがやっていけたわけさ。
「大学だのみ」だった町から大学がなくなっちゃったら、
その町はもう死んでしまう。

うん。大学がなくなったら、跡地はどうなるんですか？
ほんとにスッカスカの町になっちゃいそう。

跡地をどう利用するかについては
建設会社とか不動産会社とか、
いろいろな大人たちが話し合いをしているところが多い
よ。広い土地だから、
行政もからんだ大きな計画になるのはまちがいない。
いずれにせよ、「大学の都心回帰」の流れは
これからも変わらないだろうね。

大きな施設が必要な大学を都心につくれないようにするルールがあったから。でもいまは都心に移る大学も増えているんだ。

都市の「はて」をめざして

4-1 町には人間みたいにいろんな性格があるって知ってる?

どういうこと? やさしい町とか、こわい町とか?

広い意味ではそんな感じかな。たとえば
静かな住宅街にうるさい工場があったらイヤだろ?
だから、家を集めて静かに暮らせる「おだやかな町」、
お店を集めて人を呼び集める「にぎやかな町」、
工場ばかりの「はたらきものの町」というように、
町は使い方が分けられているんだよ。

そうなんだ。
じゃあ駅前とか大通りは「にぎやかな町」ですね。

そう。駅前や小さな商店街は「近隣商業地域」、
デパートとかお店が多いところは「商業地域」っていう
名前のエリアにされていることが多いね。

あ、でも工場が集まってるところでも
マンションがあったりしますよね? あれはどういうこと?

そこはおそらく「工業地域」か「準工業地域」だろうね。
工場はもちろん、ふつうの戸建ての家やマンションも
建てられる場所なんだ。ちなみに工場しか
建てられないエリアは「工業専用地域」っていうんだ。
海ぞいのコンビナートとかね。

ああいう工業地帯ってカッコイイ。ふだん行けないけど。

そう、あれはわざと行きにくい、生活から切り離された場所につくられているんだ。
ちなみに、そういう決められた区分けは「用途地域」って呼ばれていて、
いま言ったもののほかにも合わせて全部で13種ある。
全部覚えなくてもいいけど、
市街化区域(59ページ)内のすべての場所がかならずこの区分けに入ることは知っておいてほしいな。

そうなんだ。うちも「なんとか地域」なんだ。

そうそう。それに住宅地ではパチンコ屋とかカラオケ屋とか、静かに暮らせなくなるおそれのあるものは、
簡単に建てられないようきびしいルールがあるよ。

へえ、そうやってぼくらを守ってくれてるんだ！

ただし、きびしいのは住宅地だけ。それ以外は、外国に比べたら日本はしばりがゆるい。
「準工業地域」なんて、住宅も建てられれば、ホテルやカラオケ屋とかも建てられるからね。そういう意味では、完ぺきにうまく分けられているとは言えないかもしれないね。

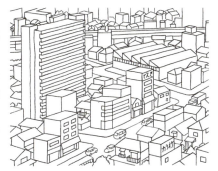

目的に合わせて町の性格はざっくり色分けされているんだ。

地域で変わる、まちの性格

4-2 坂の上と下で、町のようすがずいぶんちがうのはなぜ？

「山の手」「下町」っていう言葉は知ってるかい？

うん。聞いたことあります。山の手は「おしゃれなお金持ちの町」、下町は「庶民の町」ってイメージだけど？

そうそう、それでほぼ合ってるよ。東京に限らず世界中の大きな都市は、たいてい **山の手＝アップタウン** と **下町＝ダウンタウン** に分かれていて、人の住み分けがされている場合が多い。なんでか、わかる？

なんでだろう……、自然にそうなるんですよね？

まず町の成立のしかたから説明すると、基本的に **人間がモノを取り引きしたり作ったりする場所は、水辺に近いところに生まれるのがふつうなんだ。**

川で反物（たんもの、着物の布）を洗う作業のようす

そっか、水辺に近いほうが、いろいろ便利そうですもんね。

そうなんだよ。水はいろいろな作業に使うし、物を運ぶのにも川や運河を利用するのが便利だからね。そして、**昔は仕事場と生活の場は分かれていないのがふつうだった。**

働きながら、そこで生活するってことですか？

うん。たとえば商売をする人の家は、住宅であると同時に、お店でもあったってわけ。そしてその店で働く人も、やとっている人たちといっしょに暮らすのがふつうだった。いまでも、住む場所とお店や工場がいっしょになっている家が下町に多いのには、そういう理由があるわけさ。

なるほどー。

そのあと次第に、働く場所と住む場所が分けられていったんだ。たとえばさっきの話で言うと、そのお店のご主人が住まいだけを日当たりの良い高台にかまえるとかね。そして時代が変わって、個人のお店で働くより会社のサラリーマンになる人が増えていく。彼らは都心の会社に電車通勤して、郊外の住宅で暮らすのがモデルケースになっていった。こうして**低い土地=下町は「経済活動」をする場所、高台の土地=山の手は住宅地、**そういう住み分けがされていくようになったんだ。

下町はものづくりの場。経済活動をするには水辺が有利だったんだ。

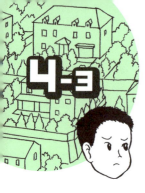

4-3 山の手のほうが庭の広い大きなお屋敷が多いのはなぜ？

江戸時代、もともと東京の山の手の土地の多くは
武家やお寺があった場所で、
ひとつひとつが広い敷地だった。

だから、それが今も残っているってこと？

そういうこと。広いお庭も残っているね。
そうそう、それで思い出した。
いまから話すことは
東京の山の手に限ったことではないんだけれど、
ひとつ知っておいてほしいことがあるんだ。
広い庭があるようなお屋敷が多いエリアには、
敷地いっぱいに大きな建物を建ててはいけないという
ルールが決められていることがあるんだよ。

どういうことですか？

前に「用途地域」(67ページ)の話をしたろ？
あれとよく似たものに「風致地区」って制度がある。
これは、町の中の自然を守るように決めた場所のことだ。
たとえば神奈川県の鎌倉市は
半分以上のエリアがこの地区に指定されているんだ。

海も山も近くて、お寺も多いところですよね。
だからキレイなんだ！

そう。お屋敷町だけではなく、
自然の地形が豊かなところとか、
大きな公園も風致地区になっているんだ。
都心では明治神宮外苑や、
御茶ノ水駅のまわりなんかはそうだね。

風致地区に指定されていると、どうなるんですか？

かなりきびしいルールがあるんだ。
建物は、その敷地の半分以下の面積でしか
建てられなかったり、
道路から最低でも3メートル離して
建てないといけなかったり、
高さも低く抑えられている。

そんなところに、簡単に新しい建物は建てられないね。

もちろん、そのためにわざときびしくしているんだ。
でもそのおかげで、
昔からの地形や緑が守られてきたわけだ。
そういう効果のあるルールだから、
京都とか古い歴史のある町では、
風致地区に指定されている場所が多くあるんだよ。

もともと武家が住む
広い土地だったから。
そういう環境を守るための
ルールもあるよ。

4-4 見た目そっくりの家がなんできれいにそろって並んでいるの?

 同じような見た目で並んでいる家は、
「建売住宅」ってよばれるものが多い。
その土地を買った会社が
自分たちで家を建てて、それを売る。
社内でデザインして、使う材料も同じようなものだから、
だいたい似たような建物が並ぶっていうことになるんだ。

あ、それ聞いたことある。
建てて売るから「タテウリ」なんですね。

 そうそう。ただ、
それとはちょっとちがうケースもあるんだ。

どういうことですか?

 **その地域に暮らす人たちが協力して
積極的に同じような家をつくることで、
その地域の環境が守られるようにしていて、**
その結果、同じような家が集まっていることもあるんだ。
その制度には「**建築協定**」という名前がついている。

「協定」ってことは、みんなで決めているってこと?

 そう。決してボートレースのことではありません。

それは競艇ですよね……。

失礼しました……。
そもそも、建物やまちづくりの基本的なルールに
「建築基準法」という法律があるけれど、
これは最小限、いちばん大事なことにかぎって決めた
ルールだから、場所ごとの細かい事情に対応するには
不十分な場合もある。
そういうときのために、
それよりもさらに細かいルールをつくって、
お互いに守っていくことを取り決めることが
できるようにしたんだ。それが「建築協定」さ。

そこで暮らしている人が、自分たちの町をどうしたいか、
話し合いで決めたってことですよね。

そういうことです。決められることはたくさんあるよ。
たとえば敷地の面積を
最低これ以上広くしなきゃいけないとか、
建物の外壁の色とか屋根の形とか。
エアコン室外機の取り付け位置を
決めることもあるみたいだよ。

へえー！ すごい細かい！

こういう取り決めで、むやみな開発を防いだり
まちなみに統一感を出したりすることができるんだ。

**ほとんどは建てた会社の
つごうだけれど、住む人が
自分たちで、まちなみを
守ろうとしている場合もあるよ。**

地域で変わる、まちの性格

4-5 ビルの頭が同じくらいの高さでナナメに切られているのはなぜ？

ああ、よくあるよね、不自然にナナメに切られてるビル。

うん。なんであれ、あそこでちょん切られてるんですか？

簡単に言えば「道路の空」を確保するためだよ。
道の両側の建物が高くなると、道が谷底のようになる。
空がせまくなって、道が薄暗くなってしまうだろう？
それを防ぐには、建物の高さを制限する必要がある。
そこで考え出されたのが、道路のはばによって、建物の高さの上限を決めようっていうルールだ。
なぜ建物がナナメに切られているかというと、その建物の前にある道路の反対側の境界線から上空に向けて一定の角度で見えない線を引いて、**その線の内側が建物の高さの上限**と決められたからなんだよ。
これを「**道路斜線制限**」と言うんだ。

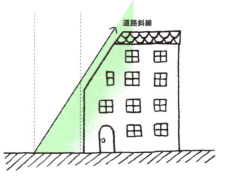

そっか、決められた枠の中でめいっぱい大きい建物をつくろうとしたから、みんなああいう形になるんだ。

そうなんだよ。
そして実は「道路斜線制限」にはもうひとつ効果がある。
道はばを実質的に広げるという効果だ。

え？ どういうことですか？

このルールでは、建物を道路から離して建てた場合、
ナナメ線の出発点も
その分だけ後ろへ下げてよいことにしたんだ。
道路の両サイドでそれぞれ1メートル離して建てたら、
道はばは実質、2メートル増えることになるよね。
建物はもっと高く建てられるようになるし、
建物と道路の間にできたスペースで歩道が広がる。

うまいしくみだなあ。
これがホントの一石二鳥ってやつですね！

そうだね。ただ、そこでまちなみがとぎれてしまうから、
快適な街路空間をつくるうえで
逆効果だという声も根強いよ。
そんなこともあって、
建物のカベの位置と高さを決めると、
この斜線制限をなくすことができるというオプションも
用意されているんだよ(77ページ)。

日当たりと風通しを
良くするため。
町はだれか一人の
ものではないからね。

4-6 同じ場所でも「ナナメビル」とそうでない建物があるのはなぜ?

建物に斜線制限があるのはわかったけれど、どうして同じ通りぞいで、ひとつはてっぺんがナナメなのに、そのとなりのビルはナナメじゃなかったりするんですか?
同じルールがあてはまらないんですか?

良いところに気づいたね。
同じような「ナナメビル」が並んでいるかと思えば、そんなルール知らないよって顔でふつうに建っているビルもある。
実は、ナナメなのは古い建物が多いのに気づいたかな?

え、わからなかった。

ナナメの線は道路の反対側から引くわけだけど、昔はそのナナメ線が上空どこまでも続くルールだった。
ただ、そのあとにルールが変わって、ナナメ線の出発点から一定の距離（適用距離）を取ったら、ナナメにしなくても良いようになったんだ。
つまり、はばが広い道路や、建物を道路から離して建てた場合、ナナメにしなくても良い場合もあるってわけ。
その距離は一定じゃなくて、地域によって変わるけどね。

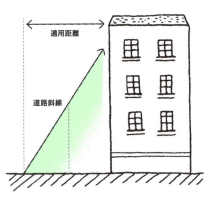

そうなんですか。

そしてそれとは別に、75ページで言ったように、その地区の中で建物のカベの位置や高さを守ればナナメにしなくても良いって決められる制度もできた*1。
要は、統一感のあるまちなみをつくるためってこと。
ナナメの建物って、やっぱりなんか不自然だもんなあ。

*1
「街並み誘導型地区計画」という。

そう？　わたしはナナメビル、けっこう好きですけどね。
うまくやりくりしてがんばってるって感じ！

ま、まあ、好みは人それぞれだからね。
あと、「天空率」*2っていう別のルールができたことも、ナナメビルが減ったもうひとつの原因なんだ。
これはものすごく簡単に言うと、
建物を下から見上げたとき、
その建物に隠れずに見えるまわりの空が
どれくらいあるのかってことを基準にするルールなんだ。

*2
特定の地点から建物越しに空を見上げたとき、同心円状に見える空の占める面積を数値化したもの。イメージは、「魚眼レンズで空を見上げる感じ」だ。この天空率を基準に、一定の数値をクリアすれば斜線制限を解除できるんだ。

ちょっとなに言ってるかわかりません。

……そうだね。これは大人でもむずかしいから
おぼえなくていい。ただ、そういうルールがあるってことだけ、知っておいてね。

うん。ともかくその天空率があるから
「ナナメルール」から外れることもあるってことですね。

そう。規制緩和のひとつだと思ってもらえればいいよ。

ナナメにしなくても良いっていう新しいルールが、あとからできたからなんだ。

地域で変わる、まちの性格

4-7 段々畑みたいな形のマンションは、なぜあんな形なんだろう?

「ナナメビル」関係の最後の問題です。
僕は「段々マンション」って呼んでるんだけど、
てっぺんから階段みたいに1階ずつ下がってきて、
その段々のところにベランダとかルーフバルコニーが
つくられているマンションを見かけたことないかい?
あれはなんでああなってると思う?

えーと、広いバルコニーをつくるため?

おしいけどちょっとちがうな。
ああなっているのは、
やっぱり「斜線制限」のためなんだ。
たとえば前に言った「道路斜線制限」(75ページ)。
ほかにも「北側斜線制限」っていうルールのために、
段々にされている場合もあるよ。

北側? ……よくわからないけど
斜線制限ってことは、
さっきまでの「ナナメビル」と同類ってことですか?

そうそう、そのルールの仲間だ。
自分の土地の北側は、そのとなりの土地の南側だろ?
そこに高さいっぱい大きな建物を建てたら、
北側の土地に日が当たらなくなってしまう。
だから、建物の北側には、

建ててもいい高さの上限ライ
ンが、こんな感じにナナメに
引かれているんだ。

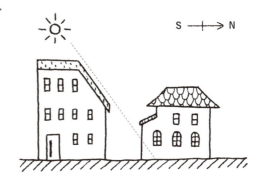

南側からの日当たりを守るってことですね。
段々マンションは、そのために削ってあるんだ。

そういうこと。ただしこの「北側斜線制限」
は、日当たりや通風をいちばん大事にすべ
き場所、つまり「住居専用のエリア」だけに
用いられるきびしいルールなんだ。
北側の屋根がナナメになっているこんな家、
まわりにあるだろう？

うちもなってる！
なんだ、それってそういうルールがあるからなんだ！

そうなんだよ。
**ふつうの家がいっぱい建つエリアは
「北側斜線制限」のルールで守られている**んだ。
ただし、そのルールが当てはまるエリアは
そんなにたくさんじゃない。
それ以外は、さっき話した「道路斜線制限」とか、
ほかには「隣地斜線制限」*っていう、
それより少しゆるめのルールが用いられるんだ。
マンションはいろんなエリアに建てることができるもの
だから、段々マンションの段々は、
北側斜線制限のために
北側がナナメになっているものだけじゃない。

*
「隣地斜線制限」っていうのは、
おとなりさんの日当たりと風通し
をジャマしないためのルールだ
から、中身はほかの制限とよく
似ている。ただ、ふつうの低い
家が建つエリアは、10mか12m
の高さしか建てられないってい
うきびしい取り決めがあるし、
北側制限などのルールでじゅう
ぶん日当たりとかも守れるから、
そのエリアでは隣地斜線制限
のルールは用いられないんだ。

地域で変わる、まちの性格

道路斜線制限や隣地斜線制限のために
西側や東側が段々になっている場合もあるってわけさ。

また新しいのが出てきた……。
なんかこんがらがってきた。

ややこしいよね。
ただ、まあ基本的に、
建物がナナメになる原因は、「道路」「北側」「隣地」、
この3つの斜線制限があるからって
覚えておけばいいよ。

そういうことなんだ。

もうひとつ。「日影制限」っていうきまりが
影響している場合もあるんだ。

また新しいのが出てきた。でもなんとなくわかる気がする。
まわりの家に日影をつくらないようにするってことですか?

そう。これは大きなマンションが建ちはじめた
1970年代に、日当たりが悪くなる地域が増えて
大きな社会問題になって、
最低限の日当たりを確保するためにつくられたルールだ。
まあとにかく、人間だれもがお日さまが当たるところで、
健康的に暮らす権利があるのはまちがいない。
そういう考えにもとづいてつくられたルールが
建物の形に大きな影響を与えているんだ。

これも高さ制限のひとつ。
まわりの建物の空の広さを
確保するためさ。

4-8 ビルはなんでいろんな高さで建っているの?

そぼくなギモンだけど、
ビルはどうして高さがきっちりそろってないんですか?
ルール、ルールってうるさく言ってるけど
都心のビルは高さがバラバラですよね?
都心ではどんな高さのビルでも建てられるんですか?

うん。特別に決めた場合以外は、高さは自由なんだ。
ただし、代わりに「**建ぺい率**」「**容積率**」っていう
別のルールがあるんだ。

ケンペーリツ? ヨーセキリツ?

建ぺい率はね、建物の建っている面積が
その敷地の何%にあたるかっていう数字だ。
容積率は、
建物のゆかの面積をすべて足した合計の数字が、
その敷地の面積の何%にあたるかっていう数字のこと。

ちょっとよくわかんないな……。

じゃあ、例題で考えてみようか。まず基本的に、
そこに建てられる建物の大きさは、
「この敷地の建ぺい率は『50%』まで、
容積率は『100%』まで」というように
上限が決められています（割合は地域によって変わるよ）。

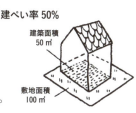

建ぺい率 50%
建築面積 50㎡
敷地面積 100㎡

地域で変わる、まちの性格

じゃあ、そう決められている
100㎡の敷地に建てられる建物の大きさは、
最大どれくらいでしょう？

ええっと……、
建てられる面積は、100㎡の50%だから、
50㎡ってことでしょ。そして容積率が
100%ってことは、50㎡の建物が、ふたつ？

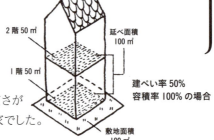

おしいな、考え方は
それで合ってるよ。
正解は、1つの階の広さが
50㎡の、2階建ての家でした。

そっか、50×2で、100㎡＝100%になるってことか。

そう。じゃあ同じ敷地で、建ぺい率30%で建てたら？

えっと、30×3で、3階建てってこと？

そのとおり。25%なら4階建てだってできるんだ。

ああ、なんとなくわかってきた。
建物の大きさや広さに制限はあるけど
高さに制限はないんですね。

そういうことなんだ。
でも、昔はビルにも高さ制限があったんだよ。
31ｍまでと決まっていたんだ。

なにそれ、なんかはんぱな数。

昔の日本の長さの単位に「尺」っていうのがあって、
100尺がおよそ31mだったことのなごりさ。
それでしばらくは、都心でも31mより高い建物は
ほとんどない時代があったんだ。いちばん高い建物が
国会議事堂(約65m)だった時代だよ。

いつからそれが変わったんですか？

東京オリンピック(1964年)がきっかけだね。
容積率の考えはそのころから取り入れられて、
容積率の範囲内なら
高いビルが建てられるようになった。
有名なものに、いまも建つ霞が関ビルディング
(147m)があるね。

ふうん。高さがそろってるまちなみ、見たかったな。

見られるところ、あるよ。

え、どこ？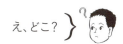

東京駅の近く、丸の内のオフィス街。
ここは今も31mのラインで
建物の高さが
ビシッとそろえられているんだ。
ただし、その上に超高層ビルが
建っているけどね。

31mでいったんラインを引いたってことですか？

地域で変わる、まちの性格

そうだよ、それこそまちなみを美しくするためだ。
その31mラインは「丸の内スカイライン」って
呼ばれていたんだ。
あと、銀座も面白いよ。
「地区計画制度」というしくみで、
高さ56m以上の高層ビルは
つくれないようにしているんだ。
これは「銀座ルール」って呼ばれている。
その後、銀座にも200mを超える
高いビルを建てる計画があって、
建てる側は「例外を認めてよ」って
区長にたのんだんだけれど、
やっぱり「銀座にふさわしくない」って
いう声が多くて
認められなかったんだ。

・乱開発を防ぎ、その地域にふさわしいまちづくりをするため、住民の意向をふまえて自治体が独自に建築物の規模や形のルールをつくれる制度のこと。

高さ制限がある銀座の中心部

昔は高さ制限もあった。
その後、時代に合わせて
ルールを変えて
高い建物を建てられるように
したんだよ。

4-9 あっちは広い土地、こっちはせまい土地に曲がった細い道ばかり。なにがちがうの？

それは、宅地化する前に**区画整理**されたエリアと、
昔の土地がそのまま宅地化したエリアのちがいだね。
とくに農地がそのまま宅地化すると、
あぜみちや水路のなごりがそのまま残って
曲がりくねったせまい道になるんだ。

「区画整理」ってなんですか？

それはね、道を広げて、土地の形を整えて、
下水や公園を設けることをいうんだ。
道がせまいとクルマが入れない、公園もつくれない、
下水を通せないこともある。
家同士が近いから火事も広がりやすい。
だから形を整えて、住みやすい町にするわけさ。

そうなんだ。でもそれって、
人が住んでる土地を削って道をつくる、ってことですよね？
ムチャクチャ大変じゃないですか？

うん、時間もお金もかかる。
だからたいていは「市街化」する前、
つまり、あまり建物が建たないうちにやってしまうんだ。
そこの土地の権利を持っている人の組合や
市町村がリーダーになって進めていく場合が多いよ。
じっさい、道路や下水ができるわけだから

地域で変わる、まちの性格

その区画の土地のねだん＝「資産価値」が上がるし、
その地域全体のメリットになることが
いろいろあるんだよ。

たしかに、道がせまいとうす暗くてこわい感じがする。
道が広くなって、公園とかできたらうれしい。

 道が広がれば火事の広がりを防げるし、
消防車も救急車も入りやすくなるしね。
ただ、そういう昔ながらのまちなみが好き、
路地がなくなるのは残念って言う人も多いよ。
新宿の「ゴールデン街」とか「思い出横丁」とかは
もう外国人の人気観光スポットになっているから、
なくならないだろうけどね。

そういうところも残してほしいな。
きれいになるのもいいけど
ぜんぶ似たような町になるのは、なんか面白くないもんね。

新宿ゴールデン街

土地をきれいな形にして広い道路を通す。現代の暮らしに合った町に少しずつ改造されているんだ。

4-10 大きな駐車場がアパートになっちゃった！なんで?

家の近くの広い駐車場が、急にアパートになっちゃった。
いっぺんに2軒もよ。なにか理由があるのかな？

そこがあてはまるかはわからないけど、
よくあるケースは、相続税の関係だね。

ゼイってことは、税金ですか？

そう。たとえば君のお父さんが亡くなったあと、
お母さんや子どもたちに財産がわたることを
「相続」っていう。もしお父さんがお金持ちでたくさんの
財産が相続される場合、そこで税金が発生するんだ。

えーっ、わたしたちって、死んだあとも
お金払わなきゃいけないの？
それって、死んだら罰金ってことじゃん！

……そ、そんなこと言わない……。
税は、お金があるところから取って、
少ないところに配るっていうのが基本の考えだからね。
くわしくは税金の本を読んでくれ！

それはまた別の機会に。

……まあとにかく、
相続のときに広い土地がある場合、
その土地がいくらくらいになるかが計算されて、

税金が決められるんだ。
都心の一等地の広い土地なんかだと
税金もものすごく高くなる。
その税金を払えない場合、泣く泣くその土地を
売るしかないこともあるんだ。

やっぱりひどい！
ご先祖さまからずっと守ってきた土地でも、
売らなきゃいけないってことですよね？

まあ、最悪の場合ね。ただ、土地を所有したまま
税金を低く抑えられるケースもある。
そのひとつが、土地に貸しアパートを建てた場合だ。

なんで低く抑えられるんですか？

そりゃ、なにもない土地より
建物があるほうが自由に使いづらいからさ。
たとえ自分の土地でも、
人が住んでいたら自分は使いづらいだろ？
だからそのぶん、土地の価値は下がるっていうふうに
考えられているんだ。
土地の価値を判断するのは市町村だけど、
その価値が下がると、税金も下がるっていうしくみさ。

そういうことか。
だからわざとアパートを建てて
税金を少なくしてるってことですね！

そう。もちろん建てるお金はかかるし、
住む人がいなかったら家賃も入ってこないから、
逆にソンをする場合もあるかもしれない。
**でもこういう税金対策があるから、
空いている土地に同じようなアパートが
ボコボコ建つ流れが**

日本中で加速しているんだ。

自分がその立場でもそうするかもしれない。
しかたないけど、
見慣れた景色が一気に変わっちゃうのは
ちょっとさみしいかな。

そうだね。それにこういう話もあるよ。
税金が払えなくて土地を売った。
でも広すぎてまとめて買える人がいなかったから
土地は細かく分けられて安く売られ、
そして小さな家がたくさん建ったっていうケースね。
自然の流れって言えばそれまでだけど、
それで本当にまちなみが守られているの？
って思っちゃうよね。

**土地をそのまま持っていると
ソンで、アパートを建てたほうが
おトク。そんなしくみが
あるからなんだ。**

4-11 なんで高いビルの間に古い家が残っているの?

この前、高いビルの間に、
すごく古いおうちがポツンと残ってるのを見ました。
ああいうところになんで家が建ってるのかな?
だってぜったい日当たり悪いじゃん。
まわりに高いビルを建てさせないルール、ないんですか?

 それは、立ち退きに同意しなかった可能性が高いなあ。

たちのき?

 新しい建物を建てるなどの開発が行われるとき、
開発に協力してほしい、つまり「家をどかしてくれ」って
たのまれることさ。たけど、そのまま建ってるってことは、
「うちは今のままがいい」って断ったんだろうね。

立ち退きって、土地を売ってしまうことですか?

 それはケースバイケースだね。
新しく建つビルの一室を住居用に提供してもらうとか、
地代*1をもらって別の場所に住むとか、
選択肢はいろいろだ。

*1 土地を貸し借りするときの賃料。土地を利用する人が土地の所有者にはらう利用料のことだ。

そんなとき、土地ってすごく高く売れますか?

 ムリを言ってそうしてもらうんだから、
そうとう高いんだろうな。それでもことわったんだろうね。

すごい！ うちも立ち退きの話、こないかな？

きみんちは、ふつうの低い家が建つエリアだろ？
道路をつくる予定なんかがないかぎりは
まずないだろうねえ。

そっかあ。残念。

知ってる？ いま六本木ヒルズとかが建つあたりも、
東京都やビル会社、テレビ局なんかがチームを組んで
大きな再開発計画を立てて、いまの町になったんだ。
それまでは、小さな家がぎっしり並ぶ場所だったんだよ。
30年くらいかけて、そこに住む一人ひとりに話を通して
引っ越してもらって、新しい町をつくったんだ。

30年か、長いね……。あ、でもそれって、
高いお金を示されても、出て行かないってこともアリ？
ねばってれば、どんどんねだんが高くなりそうだし……。

……君はなかなか悪知恵が働くなあ。
たしかに、出て行かないこともその人の自由だ。
まわりにビルができて日当たりが悪くなっても、
そこに住む権利はその人にあるんだからね。
ただし、国や市町村の計画で、それが
「多くの人、公共の利益につながる」ものなら、
力ずくで出て行かせられるルールも
つくられているんだよ*2。

*2
「土地収用法」っていうルールで
決められている。また「都市再
開発法」では、市街地再開発事
業を、条件によっては地権者の
3分の2の合意があれば進める
ことができるんだ。

新しい建物をつくる計画があるけれど、出て行くのがイヤ、って場合が考えられるね。

地域で変わる、まちの性格

4-12 ボロボロの空き家、なんでこわさないの?

たまに、ずっとだれも住んでいない
ボロボロの空き家ってありますよね、
ああいうのって、なんでこわさないんですか?

 たぶんほとんどの場合、
こわさないんじゃなくて「こわせない」んだよね。

どういうこと?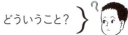

 こわす作業にもお金がかかるだろ?
だからこわしたくてもこわせないのがひとつ。
あと、もう持ち主が誰かわからなくなっていて、
持ち主の許可が取れないからこわせないってケースも
あるね。
それと、これは税金がらみの話だけど、
家が建っているほうが、なにもない土地より
税金が安いからっていう理由もあるね。

どうして? 建物にも税金がかかって高くなりそうだけど?

 住む家はみんなにとって必要不可欠なものだから、
家にかかる負担は少なくしましょうって考えがあるんだ。
だから建物をなくすと
一気に税金が何倍にもなっちゃう。

そうなんだ。じゃあだれだって
こわさないで放っておこう、ってなるよね。

そう。空き家問題は根が深いよ。あるデータでは、
全国の空き家の数はおよそ820万戸で、
7〜8軒に1軒は空き家だという数字が出ているんだ*1。

*1 2013年現在(総務省統計局発表)。

なんか相当やばくない?!

相当だよ。空き家が多いと
そこにだれかが勝手に入ってくるかもしれない。
放火の危険もある、草ボーボーで見た目も悪い。
虫もわくし、ノラネコなんかも集まってくる。

ネコはいいじゃん、ネコハウスほしい。

……とにかく、ずいぶん前からまずいって言われてる。
だから国も空き家を調べて、
ずっと空き家のままで放置しておくと
まわりに相当悪い影響が出そうな場合には、
最悪こわせるようにできるルールをつくったりしてる*2。
それでもこれからの時代、空き家は増えていくだろう。
その空き家をうまく活用する方法がないか、
いろいろな人や会社が、
いろいろ試したりしているみたいだけどね(130ページ)。

*2 「空家等対策の推進に関する特別措置法」。

こわすと「ソンする」、
いくつかの理由が
重なっているんだ。

5-1 家ばっかりの中になぜここだけぽつんと畑があるの?

まわりは家ばっかりなのに、急に畑みたいになって「生産緑地」って書いたカンバンが立ってる。これはなんですか?

それはね、
「ここは市街化区域の中だけど、この土地では農業を続けます」
という意味の看板なんだ。
「市街化区域」は覚えているね(59ページ)?

うん。でも、そういう言い方をするってことは、市街化区域の中って、農業禁止なんですか?

いや、禁止ではない。
ただ、ふつうは農地にかかる税金のほうが
宅地のそれより安いんだけど、
その区域の中では宅地並みになる。
つまり税金が高くなるんだ。
でも「生産緑地」に指定されると、農地並みにもどる。
ただし、その土地の持ち主が
30年間農業を続けることが条件だけどね。
ちなみに税金が安くなるのは、その30年間だけなんだ。

ややこしい! なんでそんなふうになってるんですか?

実はこれには、長い物語があるんです。

なんかヤな予感。ホントに長くなりそう……。
そこから先はまた今度にしません？

 まあ、そう言わないで。面白くなるから（たぶんね）。
スタートは、市街化区域の範囲を決めることになった
1970年前後のことだ。
たとえば君が農地を持っていて
「市街化区域に入るか？　市街化調整区域に入るか？」
とせまられたらどうする？

えっ、どうちがうんですか？

 市街化調整区域には、
原則として宅地はつくれないよね（59ページ）。

だったらぜったい、市街化区域！
あれ？でも農地の税金、高くなるんだよね。悩む……。

 そう、まさにそのとき、農家はその選択をせまられた。
ちなみに当時はまだ、
市街化区域内の農地の税金は、低く抑えられていた。

なんだ、だったらダンゼン、市街化区域かな。

 そうだね。当時の農家の人々もとうぜん、
「うちの田畑は市街化区域に入れてくれ」と
お役所へかけこんだ。税金を上げることにも反対した。
農家の人たちの団体組織は大きくて、
選挙の票をたくさん持っている。
だから政治家たちは
そのリクエストを無視できなかった。

ふうん。つまりそれで、
多くの農地が市街化区域になったってことですか？

まちなかにつくられた「いこいのみどり」

そう。こうして市街化区域の中に、
農地がたくさんふくまれるようになったんだ。
ここまでが第1幕。続いて第2幕は1980年代半ば、
「バブルの時代」にはじまります。

あ、知ってる、すごい時代だったんですよね。
そのせいでいまは長い不景気だって聞いたことある。

よく知っているね！ **バブルってそもそもは
「宅地不足」が引き金になった**んだよ。
土地が少ないから需要と供給のバランスがくずれて、
土地のねだんがうなぎのぼりに上がっていった。
そのときに、「たくさんある市街化区域内の農地が
ねだんの上がる原因だ」ってきびしく言われたんだよ。

そっか。じゃあ、その区域内の農地を
住宅にしやすくすれば、土地の供給が増えて、
土地のねだんも下がるっていうことですね！

そうそう。君は実に話がわかるねえ。
でも、一気にすべて税金を上げたら農家も困ってしまう。
無秩序に宅地化が進んで、
町の環境が悪くなってしまうおそれもある。
それで、都市計画で
ルールをはっきりさせようということになった。
市街化区域内の農地は宅地並みに税金を取りますよ、
ただし、一定の条件を満たした農地は
「生産緑地」に指定して税金を低くすることもできます、
ただしそこでは30年間は農業を続けてくださいね！
っていうしくみだね。
それが1992年のことだ。

ようやく一件落着ですね！

いやあ、まだまだ。

これから第3幕が始まるんだ。なんだと思う？

うーん、なんだろう？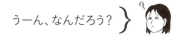

 生産緑地のうちは30年間は
税金が低く抑えられているわけだけど、
このルールが制定されたのは1992年。つまり、
場所によっては2022年にその「30年」が来ちゃうんだ。

そうなると、税金が高くなるわけでしょ。
だから農地をやめちゃう人が増えるってこと？

 そう。その可能性は高い。
税金が払えなくなれば、アパートを建てたり
不動産屋さんに売る人も増えるだろう。
これが原因でマンションなんかがたくさん増えすぎて、
物件のねだんがすごく低くなる（＝不動産価格が暴落する）
っていう問題が起きることも心配されているんだよ。

人口も減ってるし、そんなに家、いらないですよね。

 そうなんだ。都市の近くに農地があると
新鮮な野菜が手に入るし、子どもの学習にも役立つ。
だから急に農業をやめる人が増えすぎないよう、
30年の期限を10年ずつ延長していく制度や *1
生産緑地の貸し借りを簡単にする法律も
最近つくられたんだよ *2。

*1
特定生産緑地。

*2
「都市農地の貸借の円滑化に
関する法律」（2018年9月施行）。

町の中に農地があると
生活環境がより良くなる。
そのために決められた「生産緑地」
っていう場所なんだ。

まちなかにつくられた「いこいのみどり」

5-2 都会のビルの下に森みたいに木が多い場所がよくあるのはなぜ？

ビルの下に、ちょっとした公園みたいな場所がよくありますよね。木があって、広場っぽくて、たまにベンチもある。あれはみんなが自由に出入りしていい場所なんですか？

それは公園ではないけれど、多くの人に開かれた場所なんだ。名前は「公開空地」*っていう。みんなが敷地いっぱいに建物を建てていたら、通りはとてもきゅうくつになってしまう。通りぞいには、ちょっと休める快適な場所があるほうがいいだろ？イベントができるような大きめの広場もほしい。
自治体が公園をつくるだけでは足りないから、民間のビルに協力してもらって、そういう場所を敷地の中につくってもらうしくみがつくられているんだ。

* 同じようなシステムで、その場所を公園としてその地域の自治体に完全にゆずる「提供公園」というものもあるんだ。ほかに、広い場所を住宅地などに開発する場合、そのうちの一部は公園にしなきゃいけないっていうルールもあるよ。

空地ってやつをつくるとなにかメリットがあるようにしたってことですか？

そのとおり。だいぶわかってきたね！
そういう快適な場所や広場を建物の足下につくると、ビルにかかっている制限が緩和されるシステムがつくり出されたんだ。

出た、カンワ！ なにがカンワされるんですか？

「容積率」だよ。

ああ、前に言ってたあれですね。覚えてる覚えてる。
あれだよあれ、ええと……。

くわしくは81ページをもう一度見ておくように！
ふつう、土地に建てられる建物の広さには上限がある。
その上限を引き上げるっていう緩和なんだ。
よく「広場ボーナス」って言われるものだ。
たとえば、5階建て（容積率500%）のビルを
6階建て（容積率600%）にできるとか、そういうことだね。
これは建てる側にとって大きなメリットだから、
緩和してほしくて町に広場が生まれる、ってしくみさ。

考えた人、すごい頭いい！

そうだね。でも、その場所がうまく使われない、
人が集まってこない、なんてケースもけっこうあるんだ。
公園じゃないし、ビル側のつごうが優先されるからね。
ビルのかげにつくっただけでは、
どうしても快適な場所にならないことも多いんだ。
どうやったらもっと快適な場所にできるか、
考えるのも面白いかもしれないね。
最近では、各ビルがバラバラにつくるんではなくて、
地区全体でガイドラインを決めて
全体として快適な場所をつくっていこうっていう
取り組みもされているんだよ。

**人がくつろげる場所を
増やすようなルールが
つくられているからさ。**

まちなかにつくられた「いこいのみどり」

5-3 そもそも、町にはなんでたくさん公園があるの?

なかったら困るのはもちろんわかるよ。
だけど、ほとんど誰も利用しない小さい公園が
住宅街にポコポコあるのはなんでだろう?

みんなの身近な公園も、意外と知らないことは多いよね。
まず、町には緑や空地が必要なのは言ってきたとおり。
そして、人が自由に集まれる広場も必要だ。
それと、災害時の避難場所もぜったいに必要だよね。

そっか、だからたくさんつくるルールにしたんですね。

そうそう、ずいぶん飲み込みがよくなったね!
住宅街では、どこにどのような公園をつくるか、
基準がつくられているんだ。
たとえば、半径250m以内の人に向けた小さめの公園、
500m以内の人に向けた中くらいの公園、
1km以内の人に向けた大きめの公園っていうようにね。

小さい公園は、500m歩けば1コくらいはあるんですか?

かならずじゃないけどね。そういう場合もあるんだ。
ただし日本はほかの国に比べたら、
公園の数、面積とも、ずっと少ないんだよ•(28ページ)。

そうなんだ。なんでですか?

やっぱり土地が広くないからだね。

東京も数は多いけれど、小さな公園が多いからね。

たしかに。小さいからそんなにゆっくりできないよ。

そうだね。でも最近、
東京にもすごく良い公園ができたんだ。
豊島区の「南池袋公園」ってところだ。
池袋駅前の建物が密集した場所にあっ
て、大きな目的は大都市の避難場所とし
てつくられた公園なんだけど、
一面が芝生で、ステキなカフェもあって
人が集まる。
これをつくった行政は「**サード・プレイス**」の考えを
取り入れたって言っているよ。

「サード・プレイス」？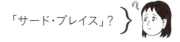

「第3の場所」っていう意味だ。
家がファースト、職場や学校がセカンド、
そしてそのどちらでもないけれど、居心地が良くて、
自分の好きな時間をすごせる場所っていう意味だ。

そういうことかあ。
じゃあ、僕のサード・プレイスはいきつけの駄菓子屋だな。

あはは。いい店知ってるね。
駄菓子屋でもなんでもいい。公園じゃなくてもいい。
そういう楽しくすごせる場所がたくさんあると、
町はすごく住みやすく変わっていくだろうね。

*
住民一人あたりにどれくらい都市内の公園面積が割り当てられるか調べたところ、日本全体では10.2㎡だが東京にかぎると5.8㎡。それに対して、パリは11.6㎡、ニューヨークは18.6㎡、ロンドンは26.9㎡だったんだ(1991年)。

小学校や中学校といっしょで
みんなにとって必要な場所だから
たくさんつくられているんだ。

まちなかにつくられた「いこいのみどり」

5-4 公園の中に大きなビルがあまり建っていないのはなぜか?

けっこう広い公園でも、その中に
大きなビルが建っていることはほとんどない。
なぜだと思う?

それは、そもそも公園の中に、
そんな建物を建てちゃいけないからじゃないですか?

そう、そのとおり。たとえば休憩場所とか運動施設とか、
公園に関係する建物しか建てられないことがルールに
なっているんだ。
そして建てられる範囲(建ぺい率、81ページ)も、
公園の全面積の3%以内って決まっているんだよ。

まあ、そりゃあそうですよね。
急に関係のないマンションとかができたら
遊ぶ人も困っちゃう。

でもたとえば、東京の芝公園には
大きなホテルが2つ建っている。
古い方は前の東京オリンピック(1964)の時に建てられた。
正確にいうと、建っている場所は
公園の「予定地」(都市計画公園)で、
ホテルが足りなくなりそうなので
特別に建てられるようにしたんだ。
新しい方は、特許事業の制度(1987)を利用して
ホテルが公園を整備したんだ。
ちなみにこれらのケースでは

建ぺい率は20％にされたんだ。
これも規制緩和の一種だね。

また出た！　カンワ！

そう。そしていま、
その「建てられない」っていうルールも変えられて、
公園の中に保育園や福祉センター、レストランなんかを
建てても良いようになったんだ•。
もちろん建てて良い面積とか、条件はあるけどね。

＊「都市公園法」の改正（2017年）。

すごい！　じゃあ、
うちの近くの公園にも、お店ができるかも？！

かもしれないね。
保育園に通えない子どもを
少しでも減らせるかもしれない。
公園のちがう使い道を
みんなで考えるのも
面白いかもしれないね。

上野公園内に建つカフェ

**公園はみんなのものだから。
ただこれからは、公園を
活用するために建物がつくられる
ケースも増えるだろう。**

まちなかにつくられた「いこいのみどり」

5-5 都心の大きな公園、もともとなんだったと思う?

上野公園や芝公園、飛鳥山公園など
東京都心の大きな公園のいくつかは
明治時代のはじめにつくられたんだけど、
実はそこはもともとそれより前から、
多くの人が集まる場所だったんだ。

はじめから公園みたいな場所だったってことですか?

そう。江戸時代の話だ。
そのころに人が集まったのはどういう場所だと思う?

えーと、上野のあたりはたしか、
大きなお寺があったんですよね。

そう、大正解。同じ時期に公園になった
芝や浅草もそうだね。
上野や飛鳥山も桜が植えられて
江戸時代から花見の名所だったんだよ。
飛鳥山は、江戸幕府8代将軍の徳川吉宗が
安心して花見を楽しんでもらおうと
桜を植えたのがはじまりなんだ。

広重画『名所江戸百景』より「上野清水堂不忍ノ池」

すごい、江戸時代にも公園があったんだ!

うん。「公園」という言葉はもちろんなかったけどね。
それで、江戸時代が終わって明治になったとき、
明治政府がそういう場所を「公園」にします、
と決めたんだ。なんでだと思う？

公園が足りなかったからですか？

上野公園の場合は、ボードウィンというオランダ人の
お医者さんの提言で公園になったんだ。
政府は医学校の敷地にしようとしていたらしいけれど、
彼は「都市の中の自然を守るべきだ」と言った。
明治政府も、日本がこれから近代化していくためには、
ヨーロッパの都市にあるような「公園」を
どんどんつくっていく必要があると考えたんだろうね。
そのあと、東京で最初の都市計画が検討されたとき、
上野も芝も
パリの公園を参考にして計画されたんだ。
ただし、当時の政府には
税金で公園を運営する発想はなかったらしいけどね。

ヘェ〜。ふしぎ。

だから、明治時代には今より公園にお店がたくさんあって、
その売上金を公園の運営にあてていたそうだよ。

東京の大きな公園は
もともとお寺とか、多くの人が集まる
場所だったんだ。

5-6 どうして公園は「やっちゃいけないこと」だらけなの？

たしかに。ではそのギモンに答える前に
みんなのよく知る「公園」にも、
実は大きく分けて2つの種類があることは知ってるかい？

知らない。そうなんですか？

むずかしい言葉で言うと、
「営造物公園」と「地域制公園」の2種だ。
営造物公園は、まあ要は
ふつうの町の中にある公園のこと。
じゃあ地域制公園はなんだと思う？

うーん、わからない……。

「国立公園」って聞いたことないかい？
大自然の中によくあるあの公園がそうなんだ。
豊かな自然を保護したり
利用したりするために指定されるものだ。
営造物公園はまた細かく分かれていて、
みんなが利用する公園は
「都市公園」にあたるものが一番多いかな。
最近は、たとえば「ボール遊びしてはいけない」
「大声を出してはいけない」なんて
細かいルールがあったりするね。

そう。なんにもできなくなるよ。

なんでそうなるか。
公園は「みんなのもの」。
だからみんなの声を聞く必要がある。
ボールが当たったら危ない、
うるさいと気分が悪い。
こうして「だれからも文句が出ない」ように
じゃあ禁止しましょう、ということにする場合が多いね。

しかたないけど、できないことが多いとつまらないよね。

使う人がルールを守らないから
禁止事項ばかりになった面もある。
でも、なにもできないと、活用できてるとは言えないね。
そういう禁止事項をなるべくなくして、
子どものやりたいことが
自由にできる場所もあるんだよ*。
なんでもかんでも禁止するんじゃなくて、
管理する側と使う側、おたがいがしっかり話し合って
なにがOKかを決めていくような
システムが、
もっと広まるといいね。

*東京都世田谷区の羽根木プレーパークなど。

みんなの場所だから「だれからも文句が出ない」ってことが優先されているんだ。でも行きすぎは面白くないよね。

まちなかにつくられた「いこいのみどり」

6-1 駅前ってたいてい広場になってるのはなぜ?

東京駅の駅前って、ものすごく広いよね。
皇居のほうに続く道とつながっていて、すごくキレイ。

2016年にオープンした
「丸の内駅前広場」だね。
約3年かけて整備されたんだよ。
東京駅の駅舎自体も
大正時代当時の姿に修復された。
第二次世界大戦の空襲で、3階から上と
屋根がなくなっていたんだ。
駅舎と広場、すごい存在感だよね。
まさに首都の顔だね。

すごいですよね。
そういえば、駅前って、たいてい広場になってますよね。
東京駅ほど広いところは少ないけれど。

なんでだと思う?

そんなのあたりまえ、人が集まる場所だからですよね。
送り迎えのときとか、クルマが停まる場所、必要だし。

そうだね。明治時代以降、
鉄道は都市のインフラ(基盤)になった。
沿線に住む多くの人が電車で都心に移動するから、
もよりの駅のほか都心のターミナル駅にも
たくさん人が集まる。

だから**駅が町の中心**になって、周りに広場ができたんだ。
これは世界中どこの町でも同じだね。
じゃあここでちょっとむずかしい問題。
まだ鉄道のない昔の日本には
どんな広場があったと思う？

あれ、なんかそれ、前に聞いた気がする。なんでしたっけ？

 時間切れでーす。正解はいくつかあるよ。
まず前に言ったのは、お寺や神社。

ああ、そっか。誰でも入れる場所だったんだっけ(104ページ)。

 そう、物を売る人が集まって
マーケットになったりもしたんだ。
それだけじゃなくて、境内に続く参道には
参拝客めあての店が集まった。
そうしてできたのが門前町(37ページ)だね。
あとは、橋のたもとも広場だった。

橋？　なんでですか？

 江戸の町は運河だらけだったのは
前に言ったとおり(43ページ)。
昔は橋をかける技術が低かったから
なるべく橋が短くてすむよう、
岸から川に向けて出っぱるように
土台をつくることが多かった。
そうやってできた広い橋のたもとに
自然と船着き場ができたり、
人が集まってきて広場になったんだ。

広重画『名所江戸百景』より「両国橋大川ばた」

へええ、面白い。

あとは井戸とかね。「井戸端会議」っていうだろ？
あれは昔、家のそばにみんなで使う井戸があって、
そのまわりにお母さんたちが集まって、家事の合間に
ぺちゃくちゃしゃべることからできた言葉なんだ。

お母さんたちの話、長いもんね……。

それに、ふつうの道も立派な広場だったんだよ。
日本にはヨーロッパのような広場はないけど、実は「道」が広場だったと言われているんだ。
とくに道と道が交わるポイント、「辻」とか「四つ辻」って呼ばれるところがそうだね。

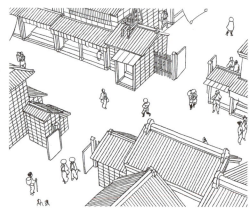

交わるポイントって、要は交差点ってことですか？

そう。メインストリートの四つ辻は特別な場所で、
時の政権はなにか発表したいことがあると
そこに看板を出したんだ＊。掲示板みたいにね。

＊そういう場所は「高札場」（こうさつば）と呼ばれていたんだ。

ふうん。なんか道とか橋とかいっぱい出てきたけど、
ぜんぶ、つくられた広場って感じじゃないですね。

そうだね。日本人は場所の使い方を特定してしまわず、
その時々で自由に活用するのがうまい気がするね。
ちなみにヨーロッパの広場はどんなだと思う？

あ、テレビで見たことある。大きな広場ぞいに
カフェが並んでて、ゆったりコーヒー飲んでるイメージ。

ヨーロッパの町の成立のしかたから説明するとね、

教会やお役所を中心として、そのまわりに空き地(空地)を残しつつ、だんだん町ができていったんだ。
そういう場所は、市場を開いたり、祭りや行事をしたり、重要な場所だから、集まりやすいようにしていたんだね。
そしてまわりの建物は
建築家がまちなみを意識してつくったりして
何百年もかけて、世界遺産にもなるような
美しい広場ができたんだよ。

すごいね。じゃあ東京駅の広場は？

東京駅が開業したのが1914年だから、およそ100年だ。
でも日本の場合は、やっぱり「道」「通り」が
町の中心だったんだ。

そうなんだ。でも、クルマばっかり通るところじゃ
ゆっくりお茶もできないですよね。

そうなんだよ。近代になってクルマが増えて、
通りは広場じゃなくなったんだ。

広場っぽい場所が
いまの町にも、もっとたくさんできればいいのに。

そうだよね。
じゃあ、どんなところがいまの町の「広場」なのか、
いくつかみていこうか。

**現代のまちづくりは
多くの場合、鉄道で移動することが
前提になっているからなんだ。**

6-2 現代の町で「広場」って言える場所にはどんなものがあるかな？ その①

ヨーロッパの教会前や市役所前みたいな広場は
日本にはほとんどないよね。
じゃあ、いまの日本の町の広場って
どうなってるんだろう？
用がなくても長時間そこにいられる
居心地の良い場所って、なにか思いつくかな？

駅前の広場とかは？

それもひとつだね。
でも、ほとんど「待ち合わせの場所」って感じだよね。

じゃあ、ショッピングモールとか？

うん、大きなモールは
いまいちばん人が集まりやすい場かもね。
なんてったって気軽にクルマで行けて、
買い物せずに、いるだけでも
なんとなく楽しい。
お腹が空いたら手軽に買える
フードコートもある。

うちもよく行くよ！ なんでもあるしね。

私も好きだけど、
でも小さな商店街もけっこう好きだな。

それぞれ魅力があるよね。
クルマに乗らないお年寄りにとっては
やっぱり近所の商店街が一番行きやすいだろうし、
逆に若い人やファミリーには
クルマでぱっと行けるショッピングモールが
ぴったりなのもわかる。
よく商店街の敵はスーパーやモールだって
ワルモノにされるけど、
決めつけるのもどうかなって思うな。

楽しいから行くってだけだもんね。
つまらなかったら行かないし。

そうだね。まあ、モールができると
その町の特徴がなくなって、
どこも同じような町になってしまう面はあるけどね。
中はチェーン店ばかりで買えるものも同じ。

でも、チェーン店だと安心できるよ。味とか想像できるし。

それはそうだけど、全部が同じだとたしかにつまんない。
いろんな人が楽しく思えるように、
いろんなタイプの場所があるのが一番じゃない？

お、いいね。そういう考え方、
いまはよく「**ダイバーシティ**」っていう言葉で
表されているんだ。
Diversityって書いて、多様性を受け入れるとか、
多文化共生とかって意味で使われているんだ。

たぶんか……？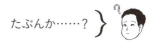

簡単に言えば「みんなちがって、みんないい」ってこと。
町には君たちみたいな子どものほかに
大人やお年寄り、
外国人や車いすの人だっている。
そういう人たちみんなが
快適に暮らせる町をつくろうっていう考えが、
「まちづくり」をする場合の
基本に取り入れられているんだよ。

たしかに。駅にはだいたい
エレベーターがつけられているし、
外国語のカンバンも増えてるもんね。

そう。みんなを快適にするものをつくるっていう意味で
「ユニバーサルデザイン」っていう言葉も
同じようによく使われるね。
そういう取り組みは
これからの時代に一番必要になってくることなんだ。

現代の広場、その代表の
ひとつは「ショッピングモール」
かもしれないね。

6-3 現代の町で「広場」って言える場所にはどんなものがあるかな？ その②

ほかにも挙げてみようか、「広場」になる空間。

公園はそうですよね？

まさにそうだね。だれもが入れてくつろげる。ほかは？

言われると、むずかしいなあ……。
あ、公園っていえば、
この前歩いてたら
おじさんたちが集まってる
公園があったんだ。
でもイベントとかじゃないし、
みんなボーッとしてる。
何だろうって思ったら、実は……。

え、なになに？

みんなタバコ吸ってた。

なにそれ、ただの喫煙スポットじゃん。

はははっ、それも面白いね。
いまはタバコを吸うのも一苦労だからね。
ただし吸わない人にとっては
とってもメーワクでもあるね。

わたしも似たようなの見たよ。駅の近くの地下街で、
お店もないのに、すごい人が集まってる場所があったの。
なんだろうって思ったら、
フリーのWi-Fi*が飛んでる場所だった。
あと、コンセントがあって、充電もできるようになってた。

それはよろこばれるよね。
とくに旅行者にとっては大助かりだ。
それもすごく現代らしい広場かもしれないね。

* 「無線LAN」の規格のひとつで、無線でパソコンやスマートフォンなどからインターネットに接続する技術のこと。

「ポケモンGO」とかもそうだよね。
レアモンスターとかをゲットできる場所、人だらけだった。

ネット配信でのライブとかもそうかもね。
離れていても集まってる感じ。

そんなら、オンラインゲームだってそうだよ。
チャットで会話できるし。人気が落ちたらすぐ「過疎」る。

「過疎る」か……。
今回は先生が教えられてるなあ。
結局どんな場所でも、使い方やアクセス次第で広場になる可能性はあるんだよね。
たとえば最近は、ちょっとした空間にスクリーンを張って映画を上映するイベントもよく行われている。
そんな感じで、面白い使い方ができる場所がたくさんあるといいよね。

現代の広場はパッと見、なんてことない場所がそうなのかもしれないよ。

「四つ角」＝辻は広場にならないか？

 交差点(辻)が昔は広場だったって言ったけど(110ページ)、いまの町の中でも、辻は広場にならないかな？

 交差点が？ 通行人は多いけど、通りすぎちゃうよ。

 足が止まるようなスポットは必要だよね。どうしたらいいかな？

 交差点ってクルマが多いじゃん。ちょっとムリじゃない？

 たしかに。クルマが多いと安心して遊べない。

 クルマが人と近すぎたらあぶないよね。居心地も悪い。でも、歩道が広いところならなんとかなるかもしれない。

 歩道があっても、信号待ちの人がたまってますよね。

 そうだね。しかも交差点はクルマが曲がりやすいように、歩道の角をナナメに切っている。これは「すみ切り」って言うんだ。

 たしかに、言われてみれば。

その場合、角地の建物もナナメに切るといいんだ。そうすれば、歩道がかなり広くなる。

なにそれ、どういうことですか？

パリがそうだよ。角地にステキなカフェが建っていて、ナナメのところを出入り口にして歩道までテーブルを広げてオープンカフェにしているよ。見通しが良くて、人間ウォッチングに絶好の場所なんだ。

あ、なんか想像できる。フラッと入ってみたくなる感じ。

日本でも、角地は建物の建ぺい率(81ページ)が緩和されるから*、面白い建物もつくりやすいと思うんだ。
たとえば東京の原宿にある「東急プラザ表参道原宿」は、すごく面白い角地建築だと思うよ。ちょうど交差点の角のところに入口があって、そこからエスカレーターで2階に上がるようになっているんだ。
エスカレーターのまわりが全面鏡張りで、吸い込まれるような感覚になる。交差点の人やクルマや並木が、万華鏡みたいに映り込むんだ。
町と建物が連動していて、人を呼び込むうまいしかけだと思うよ。

*
多くの土地で「建ぺい率何パーセントまで」って決められているのは、土地いっぱいに建物が建つことを防ぐためだ。そんな建物ばかりだと日当たりも風通しも悪くなるし、火事も広がりやすいからね。ただ角地ではその心配は少なくなる。だから建ぺい率をおまけしてあげましょうという考えになるってわけ。条件を満たせば、建ぺい率100％になることもあるんだ。角地の建築はそれを活用してぜひくふうしてほしいね。

まだ少ないけれど、角地の特性を生かした面白い場所も生まれているんだ。

6-5 東京駅の復元にかかったばく大なお金はどうやってつくったか?

今の東京駅は、大正3(1914)年当時の姿に戻したものだ(108ページ)。
でもその工事には、とんでもないお金がかかったんだ。

いくら? 10億円くらい?

なんと、約500億円。
それだけのお金を、どうやって準備したと思う?

えー?! 駅を建て直すんだから、みんなの電車賃?

それだけじゃあ足りないな。ヒントを言うと、
このプロジェクトの実現のために
東京駅はある「権利」を売った。

権利ってことは、自分の駅でなにかをしてもいいよ、
って許したってこと? 誰に売ったんですか?

売った先は、駅のまわりの土地の持ち主たち。
なにを売ったのかというと、実は「空」なんだ。

ソラ?!

駅舎の建っている土地は
容積率(81ページ)900%まで建てられる場所だった。
でも、復元する駅舎は3階建てだから
容積率はせいぜい300%。

まちのおへそ?「広場」について

まだ600%分、建物を建てる権利がある。
その権利をまわりのビルの持ち主に売ったってわけ。
空中を使用する権利だね。

えっ、そんな権利、買ってどうするんですか？

権利を買った会社は、自分の土地の上に
その土地の容積率を超えてビルを建てられるんだ。
需要がある場所なら
大きいビルを建てるほど収入は増えるから、
それは大きなメリットなんだ。
あるビルは階数が一気に5階分以上高くなったそうだよ。

すごい！ そんなことができちゃうんだ！

これはね、都心の地価の高いところで
歴史的な建物を保存するために、
アメリカのニューヨークではじまった、
けっこう前からある手法なんだ。
もちろん、権利のやり取りはみさかいなくできるわけじゃ
ないよ。東京駅の上空を買って、品川のビルを高くでき
るわけじゃない。
その範囲も都市計画で決められているんだ。

なんだ、いいこと聞いたからお父さんに教えたかったのに。
お金なくなったら、うちの空中権売ればいいじゃん、って！

東京駅がじぶんの頭の上の
「そこに建物を
建てられる権利」を売って
つくったんだよ。

7-1 空き地でお祭りみたいなイベントをやっていた！

最近よく思うんだ、ドラえもんの空き地みたいな場所があったらいいなって。

 たしかになあ。ああいう場所は、いまはまずないよね。

あっても入れないもんね。でも、空き地に人が集まってたまにお祭りみたいなイベントをやってますよね。あれは、自由に使っていい場所だからなんですか？

 いやいや、その土地の持ち主に聞かないとね。公共(こうきょう)の場だったら、とうぜんお役所に許可(きょか)を取らないと。

公園でも？

 もちろん。みんなの場所が都合(つごう)で使えなくなるんだから、やるなら前もって申し込んでください、そして危険なこと、公共性のないことは認めませんよ、って話になるんだ。

そりゃそうだ。遊び場が急に占領(せんりょう)されたらイヤだ。

 もしそこが道路だったら、担当(たんとう)は警察(けいさつ)になる。テレビのロケも、警察の許可を取っているんだよ。自由に使える場所は、いまの時代、そうはないんだよ。

がんじがらめだね。やっぱりドラえもんの空き地ほしい。

あそこは土管(どかん)があるから、

まちなかの「たまり場」をさがして

たぶん工事の資材置き場なんだろうね。
昔は管理がゆるくて、人の土地でも出入りできたからね。
でも、いまの町の空き地でも
面白いことをやっている例は、さがせばあるんだよ。

どういうのがあるんですか？

たとえば、前に話した「公開空地」(98ページ)、これをうまく活用しているケースがあるんだ。
まず、オフィス街の高層ビルの公開空地に、かわいくておしゃれなキッチンカーを呼び集める。
そこでおいしいお昼ご飯を
売ってもらう。
ランチをいろいろ選べるようになって、
そのあたりで働く人たちはよろこぶ。
ビルのオーナーには、
キッチンカーから場所のレンタル代が支払われる。
そして活気が生まれて、人が人を呼ぶ。
このしくみを考えた会社にも、
きちんと利益が生まれるんだ。

＊
歩道にオープンカフェを出せるようにしたり、キッチンカーを置いたり、いろんなイベントをしたり。こういう地区ぐるみの取り組みは「**エリアマネジメント**」って呼ばれていて、2000年代以降さかんに行われているんだ。その活動費用を生み出すための法律も整備されているよ(地域再生法の改正)。

すごい、ソンする人がだれもいないや。

そうなんだよ。立派な考えがあっても
ボランティアじゃあ続かない。
社会がうまく回っていくには、**だれもがトクしてしかも楽しい、そんなうまいしくみ**・が必要なんだ。

楽しいしかけをつくって
町を活性化させる、
そんな取り組みのひとつだね。

7-2 工場や倉庫ばっかりだった場所におしゃれなカフェが増えたのはなぜ？

最近お母さんとよく行くカフェ、すごくオシャレなんだ。もともと倉庫だったとこみたい。まわりにもそういうお店が増えてるんだけど、なにか理由があるのかな？

きみの通ってる塾の近く、清住白河のあたりだよね？　もともとあのあたりは「深川」っていう古くからの下町で、今は「アートとコーヒーの町」と呼ばれて人気なんだ。
近くに東京都現代美術館ができた（1995）のがきっかけで、ギャラリーやショップ、カフェが増えた。
でもお店が増えたのは、ほかにも理由があったようだよ。

なんだろう？

その近くに「新木場」っていう場所があるんだけど、そこは材木を運ぶための川や運河に囲まれた木材業者が多く集まる場所だった。
とうぜん倉庫も多かった。
でもだんだん水路より道路、船よりクルマが使われるようになって倉庫も使われなくなっていたんだ。

それはもったいないですよね。

まちなかの「たまり場」をさがして

そう、そう思った人がきみ以外にもいたんだよ。
倉庫はたくさんの荷物を置く場所だろ?
柱が少なくて天井も高いので、
大きなアート作品も展示できて
ギャラリーに最適だった。そして何より、お家賃が安い!

そっか、もとが古い倉庫だもんね。それ、すっごく大事!

好きに改装できて、しかも安いから自然と人気も出る。
自分の城をもちたいアート好きの若者が集まって
倉庫街がオシャレな町に変わっていったってわけさ。

時代にうまく合わせて変わっているんですね。
昔からあるお店の感じ、私も好き。

そうそう、今の若い子は古い建物でもそういうふうに
「なんかステキ」って思う人が多くなった。
むずかしく言えば「価値の転換」が起こったんだよね。

むずかしいことはわかんないけど、カワイイもんね。
でもカフェとかコーヒー屋さんはどうして増えたんですか?

それも理由があるんだそうだよ。
川が多いから、コーヒー豆を煎るときのケムリを
川の側に出しやすかったっていうのがひとつ。
それに豆を煎る設備も大きいから天井の高さが必要で、
元倉庫や工場がちょうど良かったんだって。

自分の目的に合う「ハコ」を
探していた人にとって
ピッタリの場だったからさ。

7-3 神社やお寺ってコンビニより多いってホント?

神社やお寺って、なんか数、多すぎじゃない?
もうちょっと少なくても、別にぜんぜん困らないんだけど。

神社は全国に8万以上、お寺も7万以上ある。
これ、コンビニの数より多いんだ*1。

*1 全国のコンビニエンスストア店舗数は約6万軒弱(2018年現在)。

コンビニより多いってマジですか?!

マジなんです。なぜこんなに多いのかというと、
大昔から、日本人は生活するグループの中に
神様にお祈りやお願いをする場をひとつは持っていた。
おおげさに言えば、それが神社のはじまりなんだよ。

「一家に1台」神社があるっていうイメージ?

まあ、そうだね。昔は医者も薬も天気予報もないから、
病気や日照りのときは神だのみするしかなかった。
そういう「お祈りの場」が生活にぜったい必要だから
グループの数だけそういう場がつくられたんだ。
その場所がずっと大切に残されてきたから
いまもたくさん神社があるってわけさ。

そうなんですか。じゃあ、お寺は?

お寺は、仏教が日本に伝わってきたとき、
国をあげて広めたことが大きいよね。
それで熱心な仏教徒が全国にお寺をたくさんつくった。

まちなかの「たまり場」をさがして **7**

加えて、権力者が寺をうまく利用した面もあるんだ。
たとえば城下町の中に「寺町」(36ページ)をつくって
敵に攻められたときの基地にした。
もうひとつ、お寺は檀家*2の情報をつかんでいるから、
江戸幕府は人の出入りや税金の管理を、
お寺を通して把握していたんだ。

*2
特定のお寺に属してサポートする家のこと。

お役所みたいな場所だったんですね。
でも昔のものが、いまもずっと残ってるってすごいよね。

そうだね。とくに神社がある場所は
ずっと昔の人が「聖なる場所」って決めたわけだから、
たいていは気持ち良い場所なんだよね。

言われてみればたしかに。パワースポットですよね。

そうそう、山のてっぺんとか、水がわくところとかね。
日本人は、自然の中に神様がいるって考え方だから、
自然豊かなところが多いね。
「ご神木」って言葉があるように
木にも神様がいるって考えるから、木も大切にする。
たとえば、明治神宮には広い森があるけれど
あそこはもともと森じゃなかったんだよ。
一から植えて、100年かけて
神秘的な「鎮守の森」*3を育てたんだ。

*3
明治神宮は植林だけど、鎮守の森の多くは、開発するときにもともとあった森林が「残された」ものなんだ。だから神社には、すごく大きい木がよく残っているってわけ。たとえばシイの木とかカシの木とか、日本に昔から自生していた木だ。神社にたくさんドングリが落ちているのも、それが理由なんだ。

神社もお寺も、いつの時代も大切にされてたんだね。
「多すぎる」なんて言ったらバチがあたっちゃいますね！

日本人が、神様や仏様にお祈りをすることを大切にしていたからなんだ。

7-4 古い建物にお店がいっぱい！なんで集まってるの？

建物は古いけど、中にオシャレな店が入っているところ、増えたと思いませんか？

たしかに増えた。とくに都心近くの古いビルに多いね。
東京なら、東京駅の東側、日本橋の人形町あたりだ。
ここは家康が整備して商人や職人たちを住まわせた、
長い歴史がある由緒正しい下町だ。
第二次世界大戦で東京は一面火の海になったけど、
このあたりには焼けなかったエリアもあって、
古いまちなみが残っているんだ。
戦後に建った「ザ・昭和」っていう感じのビルも多いよ。

昭和って、言葉だけでレトロな感じ。なんかいいよね。

今は古さの価値に気づく人が多くなった。
これ、成熟しきった都市ではよくあることなんだ。
ニューヨークの倉庫街とかもそう。
すたれた場所にアーティストたちが住んで町が変わり、
人気のスポットになるって流れだね。

便利なのと、それと安いってことがポイントなんですよね？

そうそう。いまはリノベーション（建物の改築・改装）が得意
な、デザインのうまい建築会社さんもすごく増えた。
一から新築するより安くて
自分好みの空間をつくれるから、
人気が出るのもとうぜんだ。

まちなかの「たまり場」をさがして **7**

昔ながらの木造賃貸アパートなんかも、
たとえば天井を取って空間を広く見せるとか
ちょっとしたくふうで、お金をかけずに
オシャレにリフォームをしたものも
増えたんだよ。

たしかに、新しい建物って見た目はキレイだけど
なんか味がないっていうか……。

そうだね。でも、ちょっと前までは
日本人は「大の新築好き」って言われてて、
中古の家を買う文化なんてほとんどなかったんだよ。
地震が少ないヨーロッパでは古い建物が残っていて、
古い家に住むのが逆にステータスだったりするけどね。
日本人はキレイ好きってこともあるし、
戦後の焼け野原で住む家もないとき、**国が新しい家を
バンバンつくる方針をとった**のも大きいよ。

でもいまは、古い建物でもキレイにして、楽しく
オシャレに住めるって気づいたんだね。

そうそう。そうやってオシャレな物件が増えると
そこで店をやりたい人が集まる。
一度は昔みたいな輝きがなくなった町でも、
魅力があればまた復活できるっていう良い例なんだ。

もともとある建物を
かしこく利用する、
そんな考え方が「フツウ」に
なってきたからなんだ。

7-5 町の空きスペース、なにかうまい使い道ないのかな?

この前、駐車場で遊んでたら怒られたんだ。
クルマも少なくてほとんど使ってないのに……。
やっぱりドラえもんの空き地みたいな場所、ほしいよ。

そうだなよあ……。前に、空き地の
うまい使い道がないかって話をしたよね(121ページ)。
実はいま、大人たちも真剣に考えていて
面白いしくみをいろいろあみ出しているんだ。
そのひとつに「**シェアリング・エコノミー**」ってものが
あるんだけどね。

英語? ぜんぜんわかんないや。

シェアは、だれかと「共有する」ってこと。
エコノミーは経済活動って意味だね。
簡単に言えば、使える物はみんなで使って
楽しくおトクに暮らしちゃおう、っていう取り組みを
まとめてこう呼ぶんだ。
たとえば、きみんちはクルマって毎日使ってる?

ううん、土日くらい。だいたい駐車場に置きっぱなし。

そういう家が多いから、クルマは買わずに共有して
必要なときだけシェアしようっていう制度が人気なんだ。

それ、便利ですね。
でも、使いたいときにクルマがないとかもありそうだけど。

まちなかの「たまり場」をさがして

そう思うだろ。でもいまはみんなスマホを持ってるから、
だいたいスムーズに使えるんだ。
スマホでできることの幅がものすごく増えているから、
クルマだけじゃなくて場所のレンタルとか、
ほかのシェアリングのサービスも増えてるんだよ。

どういうものがあるんですか？

たとえばビルの持ち主が空き室を登録しておく。
空き室を探している人は、それを簡単に検索できる。
そういうサービスも生まれているね。
そもそも「使っていない部屋」っていうのは、なにも
つくっていない田んぼや畑と同じようなものだから、
うまく活用できれば町を元気にすることにもつながる。
はっきり言って**きみたちが大人になるころは
建物も場所もますます余りまくる。**
「あるものを使う」、
その発想がもっと大切になるのはまちがいないんだよ。

それはわかる。でも余っている場所がたくさんあっても、
なかなか自由に使えないことがまず大問題なんじゃない？

そのとおり！　だからそれを変えるしくみが、
いまいろいろと考えられているんだ。

そういう自由な、ドラえもんの空き地みたいなところを
もしつくれたら、ぜったい大事に使う自信あるよ。

そうだね。スマホが後押ししてくれて、
これからそういう時代がようやく来るかもしれないね。
たとえばこんな例もあるよ。
空き家の活用ってことで言えば
これもかなり面白い。
アルベルゴ・ディフーゾ（Albergo Diffuso）って
いうんだけど。

アル……? こんどは、なんですか?

これはイタリア語で「ちらばっている宿」っていう意味。
ふつうホテルって、食べるところ、泊まるところ、
買い物するところが固まってるだろ?

ホテルの中にいれば、だいたいなんでもそろうよね。
でもそれってあたりまえじゃないですか?

その「あたりまえ」をくずしたのが面白いところなんだ。
早くから空き家が問題だったイタリアの取り組みで「町全体がホテル」だって考えるようにした。
食事は町のレストラン、お風呂は近所の温泉、泊まるところは空き家を改造した宿というように、お客さんが町の中を動くことで、町にお金が落ちて、町全体を活性化させようって発想なんだ。
日本でも「分散型ホテル」って名前で、
まちぐるみで客をもてなしているところがあるんだよ＊。

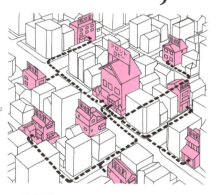

＊日本まちやど協会など

泊まる人も、ふつうなら行けない場所に行けて
けっこう良いんじゃないですか?

そうだね。町だけじゃなく泊まる側にもメリットがある。
リピーターも増えていて、これからそういうシステムを
使うところもどんどん多くなると思うよ。

町に埋もれた宝物を
うまく使うために
大人もいろいろがんばってます。

まちなかの「たまり場」をさがして

道ってどこまで行ってもつながっているの?

そりゃあ「すべての道はローマに通ず」ってことわざのとおり。つながってるんです。

それ、ぜったいうそ。ローマまでって、途中に海があるじゃん!

……そういうのはあげ足とりって言うんだよ(笑)。
まあローマはおいておくとしても、
国内の「都市計画区域」の中にあるすべての建物は、
はば4m以上の道路につなげないといけない、
って決まってるんだ※。

※「建築基準法」で、都市計画区域内で建物を建てる場合、建物は原則、はば4m以上の道路に2m以上接していないといけないって決まっている。これは**「接道義務」**(せつどうぎむ)って呼ばれるルールだ。

その「都市計画区域」ってなんですか?

それはね、「この中でまちづくりをしますよ」って
お役所が決めた区域のことなんだ。
だから言ってみれば、
この区域が日本の「町」「都市」って呼べるものの
いちばん大きな単位ってわけ。

そっか、それ以外のところは
道でつながなくても良い、開発しない場所ってことなんだ。

いや、やっぱり道はつながっていないとね。
だけど、はば4m以上の道である必要はないんだ。

ああ、田舎とかで、やけにせまい道あるもんね。

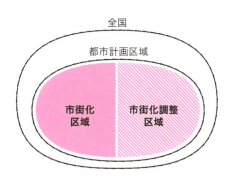

そういうことさ。
前に「市街化区域」と、「市街化調整区域」の話をしたよね(59ページ)。
あれはこの都市計画区域の中で、さらに分けられた区域なんだよ。
表にするとこんなイメージだ。

へえ、ただの土地でもこんなに分け方があるんだ！

そうなんだよ。
じゃあ、自分が神様になったつもりで考えてみようか。
町を発展させるためには
こうやって土地を分けたあと、
開発する場所のすみずみまで
道路をつなげていかなくちゃいけない。
これはわかるかな？

うん。そうしないと動けないもんね。

そういうことだ。
そうやってつないだ道には、
「クルマの通り道」っていう交通の面以外にも
実にいろいろな目的があるんだけれど、
どんな目的があるかわかるかい？

えーっと、なんだろう。
いざっていうときに、集まるためとか？

そうそう。道に集まるためには。
道がクルマに占領されないようにしないとね。ほかには？

うーん……、わからない。

最近は防災面からのことがよく言われているね。
消防車や救急車が通れることも重要だし、
避難のためとか、
火事のときの燃え広がりを防ぐっていう役割もある。
だから道はうまく配置する必要があるってことだ。
じゃあまた問題。
そうやってうまく配置するために
道路はいろんな種類に分けられています。
どんなものがあるでしょう?

うーん、高速道路はふつうの道とちがいますよね?

そうだね。**クルマ専用の特別な道**だね。
それ以外でみてみると、
まず都市と都市をつなぐ、
広い幹線道路があります。
国道とか県道とかがここに入るね。
そして、都市の中の地区と地区をつなぐ、
せまめの幹線道路があります。
そのほか商店街や
自分たちの家の前を通っている細い道があります。
これがいわゆる**生活道路**っていう道です。

ひと口に「道」って言っても、そんなにちがうんだ。

そう。そうやって、いろんな性質の道たちを使い分けて、
みんなの家はうまいこと大きな道につながるわけだね。
いろんな性質の道を上手に組み合わせて
ネットワークをつくるのが、
都市計画の役割のひとつなんだ。
交通の流れをスムーズにすることと、
商店街や住宅の環境が
クルマにおびやかされないようにすること、
この2つを両立させることが最大のポイントだ。

むずかしそう。うまくできるのかな？

環境を守る地区をきっちり決めて、
関係のない車は入り込みにくいようにするんだ。
そして幹線道路には、ちゃんと広い歩道を整備する。
地区内の道路は一方通行などにして、
これもきちんと歩道をつくる。

でも、僕の通学路、けっこうあぶないよ。
渋滞の抜け道になっているから
クルマ、ビュンビュン通るもん。

そういう問題があるところも多いよね。
道路はただの移動手段ではなくて
人の生活の場としても重要なんだってことが、
もっときっちり決められるといいよね。

「ここを町にします」と決めた
範囲の中のすべての建物の敷地は
道路につながっていないと
いけない、って
決められているんだ。

日-2 どうして道で遊んじゃいけないの?

どうしてぼくらの家のまわりってクルマ優先の道ばっかりなんだろう。道で遊べないよ。

昔はみんな道でよく遊んだもんだ。
缶けり、なわとび、メンコやベーゴマとか、チョークで絵を描いたりね。子どもたちの天下だね。
子どもだけじゃない、道を歩けばだれかしらに出会えるから、大人にとっても「エンタメ」の場所だったんだ。
でもいつしか、道はクルマのもの、移動するだけの場所になった。

そうなんだ。昔のほうがよかったな。

いまの町ではなかなかむずかしいね。
クルマが多い道ぞいで遊ぶのはあぶなくてしょうがない。
きみもお母さんに言われたろ?
「飛び出しちゃダメ!道路で遊んじゃダメ!」って。

そうそう、すごい言われた。

それは命を守るため、しかたないことだ。
遊ぶなら公園で遊びなさいってね。

でも、公園もやっちゃいけないこと、多いもん（106ページ）。

 そうだね、いまの時代は子どもが遊ぶのも大変だ。
なんか「道路族」って言葉があるらしいよ。
住宅地の袋小路などの道路で遊んでる子や、
それを注意せず放置している親のことを言うそうだ。
常識のない道路族に困っている、
子どもの声がうるさい、って問題にもなってるそうだよ。

えー、ひどい。ちょっとくらいいいじゃん。

 たしかに、夜中ならまだしも、昼間遊んでるだけなら
それくらい許してあげなよって思うよね。
でも逆に考えたら、毎日続くとツライかもしれない。

それじゃ、町の中に遊び場がなくなっちゃうよ。

 町をつくる立場からしたら、「クルマ優先」じゃなくて
「ヒト優先」で考えなきゃいけない時代なのは
まちがいないね。
でも道の使い方には、
お互いに相手を思いやる気持ちが重要だね。
とくに家が密集しているところではね。

「移動する」ことが一番の
目的の場所だからさ。
でも、道はクルマの天下ってだけじゃ
町は面白くならないよね。

日-3 カンバンってどうしてこんなにたくさんあるの?

都心でも郊外でも、カンバン、めちゃくちゃ多いですよね。クルマからも見える大きなカンバンもあるし、どこ向いてるの? っていうのがポツンとあったりするし。

 あるある、高速道路や新幹線のほうに向いてるやつね。
あれって、一瞬に賭ける情熱がすごいよね(笑)。
まあそれはさておき、日本は世界でも指折りの看板大国なんだ。
ただ、町の景観を悪くしているという話もよく聞くね。

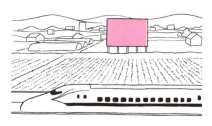

ゴチャゴチャしてるよね。わたしはキライじゃないけど。

 日本らしいといえば日本らしいところだ。
アジアは全体的に西欧の国より看板が多いイメージはあるね。
ヨーロッパは景観への意識が高くて、商売っ気を前面に出すことをきらう文化もあるからすっきりした町が多い。アメリカは別だけどね。
日本が看板大国なら、アメリカは看板王国だ!

大きさからしてハンパなさそう。日本はカンバン減らそう、って話にはならないんですか?

 それはなかなかむずかしいだろうね。理由はわかる?

やっぱり、カンバンを出すのをやめて
仕事が減ったりしたらかわいそうだから？

そう、看板イコール宣伝のためのものだから、
それをなくすのは
自由な経済活動をジャマしちゃうことだ。
いまのルールだと、4mを超える高さの看板は
「工作物」＊といわれて
つくるのに許可がいりますよ、って
「建築基準法」で決められているけど、
それより小さい看板は
各自治体にまかせます、ってことになるんだ。

＊
エントツとか鉄柱のこと。ほかに、遊園地のジェットコースターなどの大きな建造物もこれにふくまれるんだ。

小さい看板をつくるのはそんなにむずかしくないってこと？

まあ、もちろんそれぞれの市区町村の条例で
届け出が必要とかって決められているわけだけれど、
ふつうは、ものすごくきびしいきまりではないね。

つくるのを禁止するほどの強いルールじゃないから、
自然に増えていくってことかあ。

そういうこと。
でも、きびしいきまりをつくっている町もある。
そういうところの看板は
きびしいチェックを受けているんだ。
たとえば京都とかね（176ページ）。

**看板を減らそうって考えが、
そもそもいまの日本には
ほとんどないからなんだ。**

8-4 「プロムナード」ってなに?

どこかの道がこんな名前だったの。どういう意味?

 これはもともとフランス語なんだ。
散歩道とか、遊歩道とか・、歩行者天国とか、
行ったり来たりしながらゆっくり歩ける道のことだ。
商店街の名前に使われていることもあるね。

＊
似たようなことばで「サブナード」っていうのもある。地下の歩道に使われる名前だけど、こちらはフランス語じゃなくて、地下（サブ）＋プロムナードっていう造語なんだ。

ただの歩道とはちがうんですか?

 ただの歩道じゃない、ってことを強調したくて名づけた
のかもね。

え、どういうこと?

 歩道自体はとうぜん町に欠かせないものだ。
でも、ただ単に歩道をつくりました、ってだけじゃあ
満足されない場合がある。どういう場合かわかる?

えーっと、ああ、なんとなくわかる。
その町の名所とか、人が集まる場所とか、観光地とか……。

 すごいすごい、すらすら出てくるね。そのとおりだ。
みんなが暮らしやすい町にするためには、
住民が自然に集まってくる、
「背骨」のような場所があることが大切なんだ。
要は、広場的なメインストリートってことだね。
そういう場所をプロムナードって言うことが多いんだ。

たとえばそういう「町の顔」のような場所につくる歩道には、
まわりにきれいな花やみどりを植えたり、
かっこいいタイルをきっちり貼ったり、
おしゃれなベンチやパラソルを置いたりする。
そうすると、ちょっとテンション上がるだろ？

うん、上がる上がる。ライトアップとかもいいですよね！

いいねえ。そうやってつけたたくさんの「おまけ」を
みんなが「いいね！」って思うこと、
これをむずかしく言うと「付加価値が与えられた」
ってことになる。つまりプロムナードは、
極端に言えば、ふつうの歩道に付加価値を与えて、
「みんな楽しんでね、もっと集まってきてね」って
呼びかけているような場所のことなんだ。

なるほど。フランス語だし、なんとなくおしゃれですもんね。

そうそう、その「なんとなく」が大切だ。
なんとなく心地良いことで人は集まる。
ただ歩くっていう目的以上の心地良さがある空間には
人も集まりやすい。だから町の名所とかのほかにも、
町にはけっこう
「かくれプロムナード」がいっぱいあるかもよ。

フランス語で「遊歩道」って意味だ。
「ほかの道とはちがう」
っていう気持ちが
こめられているかも。

8-5 地下街ってゴチャゴチャしすぎ！なんで？

大きな駅の地下街ってめちゃくちゃ広くて、
一人だったらぜったい迷っちゃうよ。
どうしてこんなに広くなってるんですか？

 そうだよねえ。とくに東京の新宿駅なんかはすごいよね。
範囲も広いし、どこかの改札出口から出たら、
別の改札出口まで行くのにグルッと回らなきゃいけない。
迷路とかダンジョンとか呼ばれているのもわかるね。

そうそう、迷路だよ。なんであんなにわかりにくいんだろう。

 新宿は電車、バスの集まる巨大ターミナル駅で
一日あたりの利用者数は300万人以上、
ダントツの世界一だそうだよ。
人めあてにお店も集まるから
時代に合わせて、使う人に合わせてどんどん広がって、
どんどん複雑になっていったんだ。

じゃあ、長い時間をかけて自然にこうなっていったんだ。

 まあそうだね。日本はせまいから、日本人はかぎられた
スペースをくふうして使うことが得意なんだ。
だから日本の地下街は、世界的に見ても
特別に発達している。
新宿以外でも、
大阪の梅田もすごく広くて複雑って言われるね。
名古屋の地下街も広い。地上より栄えているって言う

人もいるよ。

 もうちょっとわかりやすくならないのかな?

 それが一番の問題だね。
外国人観光客がもっと増えたら
日本語の案内看板だけじゃあ足りない。
だれもがパッとわかる「絵文字」の案内
サインを増やすとか、
くふうが必要になってくるね。

京都には外国人向けのこんな立て看板が!

 あ、トイレのマークみたいなやつですよね。

 そうそう、文字を読まなくても
一目で多くの人に通じる「**ピクトグラム**」っていうものだ。
そういうサインを増やして
迷いにくい町にしていかないと。

 外国の人もだけど、
足が悪い人にもあんまりやさしくないよね。

 そうなんだよね。階段ばっかりだからね。
でも、目の悪い人を誘導する「点字ブロック」、
あれは実は日本生まれなんだよ*。
そういうくふうを空間づくりのほうにも生かして
世界中から人が集まりやすい町にしていきたいよね。

*
1967(昭和42)年、岡山市の、目の見えない人が通う学校の近くに住む人の発案で生まれたんだ。

日本はせまい。せまい土地を
うまく使おうとした結果、
モグラの迷路みたいに
どんどん広がっていったんだ。

「みち」ってもっと楽しくならないの?

日-6 なんで日本の町は電柱・電線だらけなの?

駅前に、なんかまわりと感じがちがう場所があったんだ。
よく見たら、電信柱と電線がなかった。
それで空を広く感じたんだ。

そういう場所、増えてきてるんだね。変な感じするでしょ。
電柱や電線があるのって
みんなにとってはふつうだもんね。

先生にとってはふつうじゃないんですか?

海外に行くとびっくりするよ。ヨーロッパの町では、
電柱や電線があるほうがめずらしいから。
アジアの国だって、台湾でも中国でも韓国でも
最近はどんどん電柱をなくしてる。
「地中化」っていって
電線をどんどん道路の下に埋めているんだ。
先進国でこんなに電線が空をおおっている国は
日本だけって言われているよ。

なんで日本は埋めないんですか?

第二次世界大戦で町は焼け野原になった。
それを建て直すとき、
とりあえず地上に電柱をバンバン立てた。
その「とりあえず」がズルズル続いて
高度成長期(1950年代半ば〜70年代半ば)もそのまま。
そのあと、日本人が一番お金持ちになったバブル時代

(1980年代後半～90年代初頭)がきた。
そこで電力会社も余裕が出てきたから
そろそろ電柱を埋めますかっていう話が出た。でも
「それよりも電気代を安く」っていう声が大きくなって
そちらが優先されたんだ。

まあ、そりゃあ安くなるのはうれしいけどね……。

 そのうちにバブルも終わって日本は不景気になって、
お金のかかる地中化の話は止まってしまったってわけさ。
でもさすがにそれじゃあ先進国としてはずかしい、
っていう声も強くなってきて、少しずつだけど、だんだん地中化も進んできてるんだ。
広い国道や大きな駅前でね。

電線が地中化された上野の不忍通り

電柱をなくすのって、すごくお金がかかりそう。
それでもやるの？　また電気代上がるんじゃ？

 景観の問題も大きいけれど、一番大きな問題は
災害のときにすごくあぶないってことなんだ。
阪神・淡路大震災(1995年)では、
電柱がたおれて道をふさいだり、
電線が切れて火災の原因になったりした。

そういえば台風のときも電線が切れて停電になったって
よくニュースでやってますよね。

 そうそう。それに電柱は
ただ立ってるだけでも通行のジャマだ。
せまい道路がもっとせまくなって、電柱のせいで
クルマがすれちがえない場所もたくさんある。

それに、クルマの事故も電柱があると死亡率が高くなるそうだよ。

そんなにデメリットがあるんですね。でも、地中化もそう簡単には進まないんでしょ？

そうだね。やっぱり電柱より、埋めるほうが何倍もお金がかかるからね。でもメリットが多いから地中化の流れは進んでいくはずだよ。京都とかの観光地では看板なんかと同じように、じっさいに早くから電線の地中化が進められているんだ。

お金の問題、効率の問題が大きくて、電線を地中に埋めようっていう動きが、あまり活発にならなかったからなんだ。

自転車専用道路ってなんであんまりないの?

車道のわきに、青色の道がたまにありますよね。
あれって自転車専用の道なんでしょ？

 そうそう。青色で区切られて、
「自転車専用」っていう標識があるものは
自転車専用道路だ。
正しくは「自転車専用通行帯」って名前で、
クルマやバイクはそこを走るのも、駐車も
禁止されている。
それとは別に、側道に自転車マークだけ
描いてあるものもある。
こんな感じのものだね→。
これは「自転車ナビマーク」とか「自転車ナ
ビライン」っていうんだ。

この2つって、どうちがうんですか？

 マークだけのほうは「自転車優先」ってだけで
専用道路ではないんだ。つまりクルマやバイクがここを
走っても、とくに問題なしってことさ。

すっごくまぎらわしい！なんでそうなってるんですか？

専用道路をつくるには
標識や色分け、電柱をなくしたり道を広げたりもしない

といけない。
だから簡単に表示できるマークやラインで、
悪く言えば「お茶をにごしている」んじゃないかな。

専用道路ってほとんど見ないよね。
もっと増えないんですか？
歩道を走る自転車も多いし、あぶないもんね。

自転車は法律では「軽車両」、
つまりクルマと同じだから
やむをえない場合以外、基本的に歩道は走れないんだ。

そうなんですか?!

そう。だから車道を走ることになるけど、
子どもやお年寄りが、自転車で
車道を走ったら逆に危ないこともあるよね。
だからきみの言うとおり、
自転車専用の道はもっともっと必要なんだ。
クルマと自転車、歩行者、
みんなが安全に移動できるのが理想で、
オランダなんかは自転車天国だから
それがすごくうまくいっている。
「そんなカネどこにあるんだ」って声も聞くけど、
すぐにではなくても
少しずつでも変えていく必要があるんだ。

増やしている最中だけど
追いついていない。
自転車、人、クルマが安全に並んで
走る日はいつくるかな？

9-1 隅田川にはなんでいろんな形の橋がかかっているの?

隅田川って、すごく長いですよね*1。
全部でどれくらい橋があるのかな。

*1 東京都北区の荒川から分岐し、東京湾へ流れる一級河川・隅田川の全長は23.5km。江戸時代から文化・商業の大動脈として大切な役割をはたしてきたんだ。

いま現在、鉄道の橋なんかをのぞいて、18本かかっているよ。
かけられた時代もデザインもバラバラだから、「橋の展覧会」って呼ばれてる。
橋マニアあこがれの場所なんだ!

吾妻橋(あづまばし)(上)と千住大橋

……橋マニアの気持ちはわからないけど、
なんでそんなにいろいろな形の橋があるんですか?

まず江戸時代のはじめ、最初につくられたのは
「千住大橋」で、しばらくはこの1本だけだった。
家康が許さなかったんだ。

あ、なんとなくわかるかも。そのほうが都合がいいもんね。

そうそう、もし敵に攻められたら
橋は少ないほうが守りやすい。
でも、あるとき大火事が起きて*2、
多くの人が橋をわたれず焼け死んだ。
これではダメだということで、
「両国橋」*3など5つの橋ができた。
橋が増えると、一気に人の活動範囲は広がるよね。
それで江戸は急速に、橋を越えて東に拡大したんだ。

*2 「明暦(めいれき)の大火(たいか)」「振袖火事(ふりそでかじ)」って呼ばれる大火事(1657年)。江戸城をふくむ広い範囲が燃えて、死者はなんと10万人とも! 江戸は木の家がくっついていて、冬は強い北風が吹くから、とにかく火事が多かった。この大火はその後の江戸のまちづくりに大きな影響を与えて、燃え広がりを防ぐ広場(「火除地」や「広小路」)がつくられたり、建物に土カベなど燃えにくい材を使うきまりになったりしたんだ。

*3 当時、隅田川の東岸は「下野国」という別の国で、西岸の江戸(武蔵国)とつながる橋だから、両方の国をつなぐ=「両国橋」と名づけられたんだ。

ちなみにこのときに「深川」(123ページ)もできたんだ。
**都市は水辺に栄えるものだから、
都市がバクハツ的に発展するときは
橋がきっかけになることが多い。**
これは世界中どこの町でも同じなんだよ。

そうですよね。橋がなかったら、対岸なんて別世界だよね。

そうして明治時代、
江戸は東京になって町はさらに拡大する。
でも橋は、骨組み以外のゆかなどは木のままだった。
そんなときにまたまた大災害が起こったんだ。

いつですか？ 戦争のとき？

戦争前の、関東大震災(1923年)だよ。
多くの橋が焼けて川をわたれなくなり、
逃げられなかったたくさんの人が焼け死んだ。
まちづくりをするエライ人たちからしたら大問題だ。
自分たちのせいで、
多くの人命がうばわれてしまったんだから。
その反省もあって、震災からの復興のとき、
当時の技術のすべてを注いで、
さまざまな構造形式の橋がつくられたんだ。
いま、その多くは文化財にも指定されている。
橋の大切さ、わかったかな？
隅田川はその歴史がわかる場所なんだ。

うん。橋マニアの気持ちはわからないけど！

**いろんな災害を経験して
町にとって「橋」がどれだけ大切か
身をもってわかったからなんだ。**

9-2 え、ここも堤防なの？

　僕たちがいま立っているここ、どんな場所だと思う？

え、ただの川辺じゃないの？　川辺の広場でしょ。

　実はここ、堤防なんだ。

そうなの？　堤防って、なんか土手とかのイメージだけど。

　そうだね。川ぞいに土が盛ってあるのが一般的だよね。
でもそれだと、町と水辺が区切られてしまって
気持ちのいい景色が見えなくなって、
川にもなかなか近づけない。
それに、もしその土手が一部でもくずれたら、
一気に水がそこからあふれてしまうのも大きな問題だ。
代わって考え出されたのが、いま立っているこの堤防だ。
東京では荒川とか江戸川、
大阪なら淀川とかの大きな川で、
想定外の洪水にも耐えられるように
考えられたものなんだ。
名前を「スーパー堤防」っていう。

なんかすごい名前ですね。どんなしくみですか？

　実はね、これは堤防っていうか、
川ぞいの町をまるごと底上げして、
水があふれても町に広がりにくくする
しくみのものなんだ。

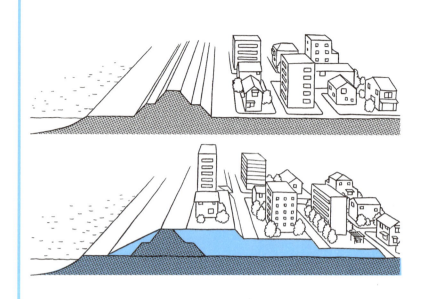

「大きな堤防の上に家を建てる」って言えば
イメージしやすいかな?
これだと、カベみたいな堤防は必要ないから
川に出やすいし、
遊歩道なんかもつくりやすくて、
景色も楽しめるから人も集まる。

それはいいことだけど、町をまるごとって
どうやってつくるんですか?

 そこなんだ。この堤防は、
話の規模が大きすぎるのが問題なんだ。
まるごと底上げするには
全部に土を盛って固めなきゃいけない。
そのためには、
そこにある家をいったん取りこわす必要がある。
だからこれは堤防というより
「まちづくり」の計画に近いんだ。
なにもないところにつくるほうがまだ簡単なんだよ。

前に聞いた区画整理(85ページ)くらい大変そうな感じですね。

そう。本当にそれに近いものなんだよ。
川ぞいに新しく大きなマンションが建って、
そのまわりの道がきれいに整備されたところなんかは、
そういう計画に合わせてつくられたものが多いんだ。
すべての町を計画どおりスーパー堤防にするには
何十年、ヘタしたら何百年かかるかもしれない。
ばく大なお金もかかる。
だから、ムチャな計画だって反対する声も多いんだ。
そうこうしている間に洪水が起きたら大変だから、
堤防自体を強固にしたり、川の流れを変えたり
洪水を防ぐ努力は続けていかなきゃいけないんだ。

ここは「スーパー堤防」っていう、むちゃくちゃ規模の大きな堤防の一画なんだ。

9-3 なぜここの道はこんなにグニャグニャ曲がっているの?

なんか不自然に曲がってるんだけど。
それにマンホールも多くないですか?

ここは昔、川だった場所なんだ。
それを埋めたり、ふたをしてふさいだりしているんだよ。
こういう外から見えない地下水路は「暗渠」って呼ばれているんだ。

「へび道」と呼ばれる旧藍染川の暗渠（東京都台東区谷中）

なんでふさいじゃったんですか?

それはやっぱり、高度成長期(1950年代半ば～1970年代半ば)に家がたくさん必要になって、
川を道にしたんだね。
それと、住宅は増えても下水の整備が追いつかなくて
汚水は川にたれ流しだったから、
「ドブ川」が増えてしまったんだ。
臭いし汚いから、近所に住む人たちが
暗渠にするように希望したところも多かったそうだ。

そうなんだ。臭いものにはふたをしろ、ってやつですね。

そのとおり。ドブ川は暗渠にされ、古い家はこわされ、
土の道路はアスファルトで固められた。
これ、東京オリンピック(1964年)のとき、
東京中で行われたんだよ。

観光客も集まる大イベントだから、
ヘンなものがあったらはずかしい。
だから文字どおり「臭いものにふた」をして、
短い時間のうちに町はきれいにされたんだ。
見かけだけでも、ね。

ちょくちょく出ますね、オリンピック！
それだけ大きなことだったんだ。

そう、オリンピックは
東京をまったくちがう都市に変えた。
明治・大正時代、もっと言えば江戸時代のなごりは、
そこでずいぶんなくなってしまったと言っていい。
そしてこんどは
昭和のなごりもまた、なくなるかもしれない。

なんで？あ、そっか、またオリンピックだ！

そう。2020年の東京オリンピックだね。
東京の町がまた大きく変化するターニングポイントだ。
そしてその変化のうちのひとつに、
暗渠になっていた道を
もとの川に戻そうっていう動きもあるんだよ。

ふた、取っちゃうんだ。もうクサくなくなったから？

それもある。
いまは大半が、処理済みの水を流
すところになっているからね。
それに水辺をうまく取り入れたほう
が、町が心地よい空間になるのは
まちがいないからね。
ひとつ例を出すと、昔渋谷を流れ
ていた「渋谷川」。
渋谷の名前の由来になったって説

渋谷ストリーム（東京都渋谷区渋谷三丁目）

もある川だけど、
先の東京オリンピックをきっかけに
暗渠になっていたんだ。
それが東急渋谷駅の再開発で生まれ変わって
川は地上に出て、川ぞいにはおしゃれなレストランが
並ぶ、大きな広場が生まれたんだ*。

*2
2018年9月にオープンした「渋谷ストリーム」のこと。

そんな都会の真ん中にも、アンキョってあったんですね。

たぶんきみの思っているよりいろいろなところにあるよ。
グニャグニャした道は川のなごり。
逆にまっすぐすぎる道もあやしいね。
あとは、橋の石柱（欄干）だけが残っているところもある。

じゃあ、マンホールが多いのもアンキョだからなんだ。

そうそう、下水道と一緒になっているものもあるからね。
それと、クルマが入れないように、
車止めがされているところも多い。

なるほど。気づかないで通りすぎてることもありそう。

そうそう、わかりにくいけど、
でもたしかに昔そこにあったなごりがある。
だから身近な暗渠さがしが
好きな大人もけっこういるんだよ。
アスファルトの化粧をはがしたら
ぼくらの町はどんな素顔なのか。
想像してみるのも面白いかもしれないね。

そこには昔、川があったんだ。
昔の地形を
想像できる場所なんだ。

9-4 雨ってどこに流れていくの?

土の上にふった雨は吸い込まれて、地下水になって川や海に流れていくんですよね。でも都会にふった雨って、どこに流れていくんですか? アスファルトは吸わないし。

道のわきに小さな穴が開いているだろ?
水はああいうところから下水管に流れていくんだ。

その先はどこにつながっているんですか?

基本的に、雨水は直接海や川に流されているよ。
ただ、古い下水道の場合は生活排水といっしょになって、最後は下水処理場にたどりつくんだ。
そこで微生物に汚れを食べてもらったり消毒したりして、最終的に飲めるくらいキレイにして、海や川に流される。
ただ、最近は「ゲリラ豪雨」も増えているだろ?
実は洪水を防ぐための「秘密兵器」があるんだ。

*1 河川があふれて洪水が起こらないように一時的に降水をためておく施設のこと。

*2 洪水のとき、あえて水を流れこませるようにつくられた土地のこと。

え、なんだろう? なんかすごそうだけど。

大きく分けると2つの種類がある。
水をプールみたいな場所にためるものと、
少しずつ地下に水を逃がすものだ。
ためるものには「調整池」*1とか「遊水池」*2がある。
ビルの地下なんかに、たっぷり水が入るスペースが

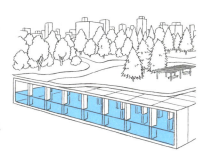

水となかよく暮らすには

つくられているケースもあるね。
それをつくると建物の容積率(81ページ)が
緩和されるようにして
都心でもそういう場所を増やしているんだよ。

出ましたね！容積率ボーナスだ。

そうそう。税金や補助金が出る場合もある。

サービスいいね！

やっぱり命にかかわることだからね。
ちなみにもうひとつ「水を逃がすもの」がある。
それはふった雨水を地中にしみ込ませる装置だ。
きみんちの屋根にふった雨も、
そのやりかたで地面に流れているはずだよ。

え？そうなんですか？気にしたこともなかった。

屋根には「雨樋」がつけられていて、
それが地面まで続いて、
「浸透ます」っていうものにつながっている。建物の屋根にふった雨水は、そこを通って地中に流されるんだ。
こうすると、下水管に一気に水が集まるのを防げるから、洪水も防げるっていうしくみさ。

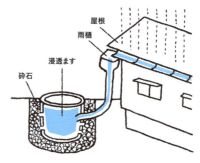

基本的には、下水道を通って海や川に流される。大雨にそなえて、いろいろな設備もそろっているよ。

9-5 なんで首都高はお濠の上を走っているのかな?

 東京の真ん中では、頭の上を道路が走っているよね。
首都高速道路、略して「首都高」って呼ばれているけど、
そのうちけっこうな距離が
皇居のお濠や川の上を走っているんだ。
これはなんでか、わかるかな?

わからないけど、そこにしか道を通せなかったんじゃ?

 お、いい線いってるね。
まず、首都高をつくる計画がまとまったのが1959年。
なんのためにつくることになったのかというと、
これまた東京オリンピックがかかわってくる。
渋滞だらけの町を
世界に見せるわけにはいかなかったんだね。
でも、オリンピック開催は1964年にせまっていた。

たった5年しかないじゃん。

 そう。しかも道をつくるには土地を空けないといけない。
区画整理の大変さは前に話したとおりだ(85ページ)。
そんな時間もお金もない! じゃあどうする?

だれも住んでないところに、道路をつくる!

 それがベストだね。でもそんな場所、東京にある?

ないでしょ、そう簡単には。

あ、でも実はあったんだ。それがお濠や川だってこと？

そうなんです。江戸時代から残っていたお濠だね。
ある場所は埋め立てて
ある場所はお濠や川の上に道路をつくり、
そして無事オリンピックに間に合ったっていうわけさ。

すごいですね、それ。がんばったんだね、昔の人。

でもその後、いろいろ問題も出てきたんだ。
東京のシンボルで、江戸時代からの要所だった「日本橋」の上に高速道路が走ってしまったこともそのひとつだ。
見た目が悪いから取っ払おう、高速を地下に走らせようっていう運動が、長い間続いていた。

景観の問題かあ、変えるのはむずかしそう……。

でも、道路自体も古くなって
どっちみち直す工事が必要になった。
それに合わせて
地下に走らせる計画が実現しそうなんだ。
将来は、頭の上に何もない日本橋になるかもしれないよ。

オリンピックに合わせて急いで高速道路を通す必要があった。そのとき「空いていた」のがお濠の上だったというわけさ。

9-6 河川敷にはなんで広いグラウンドがあるの？

河川敷に、よく野球のグラウンドとかがあるよね。あれってやっぱり、広い場所があるからなんですか？

そうだね。河川敷は土地を確保しやすいのが大きな理由だね。
あとは、もし洪水になっても、川と堤防までの間に広いグラウンドがあれば、水があふれても堤防をこえるまで相当ゆとりが生まれる。
そんなわけで、河川敷には広めのスペースがとってあるんだ。

そっか。ホームラン打っても窓ガラス割る心配ないしね。よかったよかった。

きみがホームラン打ってるとこ見たことないけどね……。
ともかく、川ぞいっていうのはそもそも水が集まる場所だから、とうぜん土地は低くなっている。
つまりは、川がはんらんする可能性が高い場所だ。
地盤もゆるい。
だから、昔から地盤の強い高台のほうが「良い土地」、川ぞいの土地は「ランクが落ちる」とされていたんだ。
堤防もまだきちんとつくられていなかった大昔、
それこそ室町時代くらいまでさかのぼると、
当時川辺に住んでいたのは仕事で水を使う人たちや身分の低い人たち。
ほかに役者とか芸能に関係する人だね。

おどりや芝居の舞台は、川辺に多くつくられていたんだ。

ふうん、そうなんだ。でもいまはそうでもないんじゃない？
川ぞいにお金持ちそうなお屋敷があったりするもん。

いまは治水もまあしっかりしているし地盤も改良できる。
ながめも良くて開放的だから
川辺が悪い土地って思う人は少ないね。
ただ水害のリスクはゼロではないから、
土地の値段としては抑えめになっていることもあるね。

川のそばって気持ちいいもんね。
お花見シーズンなんかすごい人だし。

そうそう、花見といえば
川ぞいに桜が多いのも理由があるんだ。

そうなの？きれいだから植えただけじゃないの？

きれいだから見物客が集まるだろ、そうすると
たくさんの人が川ぞいの土手の上を歩く。
土手は踏まれて固められ、こわれにくくなる。
つまりは洪水を防ぐねらいで、江戸時代に桜が多く
植えられたんだ。根っこが土手の補強にもなるから
ね。
でも現代では、根っこが逆に堤防をこわすおそれが
あるから、堤防に木を植えることは原則的に行わな
いはずだよ。

広重画『名所江戸百景』より「玉川堤の花」

昔の人の知恵ってすごいね！

**川があふれても
町に水がすぐにとどかない
ようにするためさ。**

9-7 人も通れないくらい細い橋が川にかかっていた！なんで？

大きな橋をわたってたときに見たんだけど、となりにもう1本、すごく細い橋がかかってたんだ。クルマはもちろん通れないし、人だってだれもわたっていない。なんであんな橋があるんですか？

ああ、それは「水管橋」のことかもね。
川や谷を越えて水を運ぶための橋だよ。
水道橋*1とも言うね。

*1 東京の「水道橋」って地名は、神田上水の水道橋があったからこの名前がついているんだよ。

なぁんだ、ただの水道管だったんだ。

ただの、はひどいなあ。
水道管は地面に埋まっているからふつう見られない、でも橋をわたるときだけは見える。
けっこうなレアキャラなんだよ。
それに、もしこの橋がこわれたらたくさんの家に水がとどかなくなってしまう。
細いけど、とっても大切な橋なんだよ。

水がとどかないと、一気にサバイバル生活だね……。
水って、もともと川とかダムとかから取ってるんでしょ？

そうそう、取ってきた水は「浄水場」っていう施設でいろいろな方法できれいにされる。

水となかよく暮らすには **9**

そこからいったん水をためておける場所まで送られ、
そこからさらに配水管をつたって
みんなの家にとどくんだ。
これがきれいな水をとどける「上水道」のしくみさ。

ふうん。だから蛇口をひねればきれいな水が出てくるんだ。
でも、水って高いところから低いところに流れるでしょ。
マンションとか、高いところにも水がとどくのはどうして？

それはね、水を上げるポンプを使っているからさ。
ポンプで水を送って
マンション屋上のタンクに水をためている。
そこからは重力で
みんなの部屋に水を流すやりかたを取っているんだ。

そうなんだ。そういえばマンションの屋上に
タンクっぽいもの、よくあるもんね！

でもタンクは汚れやすくて
水も汚れちゃうのが問題だった。
だから最近は、水道管からの水を加圧
ポンプで直接部屋に送るマンションも
増えている。
ポンプの性能が良くなって
それができるようになったんだよ。

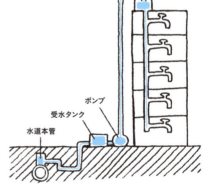

それは「水専用」の橋なんだ。
地下にある水道管が
川をわたるときだけは
地上に出てくるんだね。

10-1 京都にはどうしてまっすぐの道が多いの?

日本には東京はじめユニークな町がたくさんあるけど、
せっかくだから京都の町についても話しておかないとね。
なんてったって「千年の都」なんだから。

修学旅行で行ったけど、すごく良かった!
でも京都って、なんであんなに道がまっすぐなんですか?

それは、京都がはじめて都になったときから、
そうなっているからなんだ。

あ、知ってる。「なくようぐいす」平安京!

そうそう。794年の平安京遷都のとき
中国の長安っていう都市をモデルに、
南北約5.2km、東西約4.5kmの
大規模な都市がつくられたんだ。
京都は北に山、南に湖、東に川、西に広い道がある
場所だった。*1
これが風水の考えからしたら、バッチリ「吉」だった。
だから新しい都に京都が選ばれたんだ。

*1
風水は「地相」が大切にされる。東西南北の四方角には神が宿るとされ、北は玄武(げんぶ・大岩)、南は朱雀(すざく・大池)、東は青龍(せいりゅう・川)、西は白虎(びゃっこ・大道)というように、それぞれの神に似つかわしい地形がシンボル的にあてられているんだ。

風水が良かったからって、けっこう意外。
大きな町の計画でも、そういうふうに決めてたんですね。

昔、自然災害は
「悪い霊のたたり」だと思われていた。
だからお祭りや神事、祈とうをして、

その怒りをしずめるって発想が大切にされたんだよ。
そうやって地相の良さを優先してつくられた平安京は、
北側中央に天皇が住む「内裏」と「大内裏」が置かれ、
町は大きく2つ、「右京」と「左京」に分けられた。
その左右の真ん中にメインストリートの「朱雀大路」が
通された。
町は約120m四方の四角いブロック単位にされて
広い道＝「大路」と、細い道＝「小路」で区切られていた。
この道が東西南北、まっすぐに交わっているから、
「碁盤の目」とかって言われる道と区画の形が
いまも残っているんだね。

そんな古くから残ってるって、すごいね！

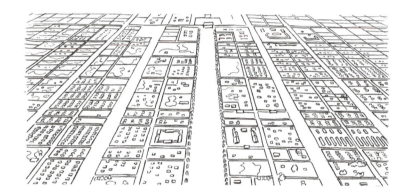

中国の都市に
似せてつくられた
「都」の形が、
いまも残っているんだ。

10-2 京都はなんで観光客が多いの?

いつ見ても、外国からの観光客、すごい多いよね。京都って、いつからこういう観光の町になったんですか?

実は京都も、戦国時代にはほぼ焼け野原になったし、ずっと順調に発展してきたわけではないんだ。
大きなポイントは、豊臣秀吉が天下統一したときだね。
天下統一後、秀吉は京都に都をかまえて、
内裏(前ページ)の跡地に「聚楽第」っていう自分の住む城を建てたり、
町をぐるっと囲む土塁(「御土居」)(35ページ)をつくったり、
寺を移動させて「寺町」(36ページ)をつくったりして、
町全体を城下町のように大改造したんだ。
平安京の街区は120m×120mだったのを、2つに割って120m×60mにした。大きなブロックの真ん中は空いていたから、土地を効率よく使えるようにしたんだね。
そして次のポイントは、
豊臣家を倒して徳川家康が天下を取ったときだ。
家康は京都を幕府直轄地(直接支配する土地)にしてお寺や神社を直したり、
「西陣織」っていう織物の産業を保護したり。
それでだんだん人口も安定していったんだ。

江戸だけじゃなくて京都もかあ。家康ってすごいね!

そうだね。江戸時代にそうやって発展していったから基本的に京都は「産業の町」なんだけれど、
同時に観光ブームも起こって、

京都旅行が大人気になった。
なんてったって「古都」のブランドがあるからね。
そうして京都は「観光都市」になっていったんだ。
ただし人口は、江戸みたいには増えていない*1。
地下水が豊富で井戸を掘ればたいてい水がわくし、
鴨川や桂川があるから作物を育てる水にも困らない。
高瀬川*2もあって荷物を運ぶのも便利なのに、だ。

*1
江戸時代を通して、京都の人口は30〜40万人くらいだったそうだ。

*2
1611年、実業家の角倉了以(すみのくらりょうい)・素庵(そあん)父子によってつくられた、京都と伏見を結ぶ約11キロの運河だ。

江戸は上水をつくる必要があったんでしょ(44ページ)？

 そう。京都は大工事をしなくても良い水が出たんだ。
たくさんの人が住めるだけの下地はあったんだけど、
ただ京都はもともと住んでいる人の結びつきが強くて、
近所でグループをつくって、町の秩序を守っていた*3。
移住してくる人をきびしくチェックしてたことも、
大きな人口増につながらなかった一因だそうだよ。
そのうちに江戸時代も終わって、
幕末には市街地で戦争があったり、
東京に首都の機能が移ったこともあって
また町が荒れた時期もあった。
ただ第二次世界大戦では
大規模な空襲を受けなかった。
それで多くの文化遺産が失われずにすんだ。

*3
そのグループは「町衆」(ちょうしゅう)と呼ばれた。「自分たちの町は自分たちで守る」組織で、幕府も彼らを頼りにして、町の治安を守ることを一部任せていたんだ。

もしそこで燃えてたら、ぞっとするよね……。
修学旅行も京都じゃなかったかもしれない。

 そうだね。だからこうしていまも、
世界に誇る観光都市として発展しているんだ。

古都のブランドを生かして早い時期から観光都市として人気を集めたからなんだ。

京町家のなぞ①
10-3 なんでこんなに長細いの?

京都の昔ながらの家って
面白い形だと思わない? 入口がせまくて、奥に長い。
「町家」って呼ばれるこの木造住宅は、
道に接しているはばがせまくて奥に長いから、
「うなぎのねどこ」なんて言われているね。

ふうん。でも、なんでそんなにはばがせまいんですか?

ひとつには「間口(はば)の広さ」が
税金を計算する基準だったから、
はばをせまくして税金を節約したっていう話があるね。
でも、先生はそれよりもっと根本的な、
都市の本質に根ざした理由がある気がするんだ。

どういうこと? 都市の本質って?

そもそも、どうしてみんな町に集まるんだと思う?

どうしてって、買い物とか便利だし、
いろんな人に会えるし……。

そうそう。そのためには、
建物は道に面してたくさん並んでいるほうがいいだろう?

あっそうか、それで間口がせまくなるんだ。

そうだね。通りに数軒しかなかったら、

なにがちがうの? 京都のまちの暮らし方

わざわざやってくるメリットがないからね。
町は、できるだけ多くの建物を道ぞいに並べて、
店をかまえるようにすればするほど、
より多くの人が集まりやすくなる。
結局「集まって暮らすメリットをみんなで分かち合う」ってことが、都市の本質的な機能、役割なわけだからね。
実はこういう細長い敷地は、日本の古い町はもちろん世界中の都市でよくみられる形なんだよ。

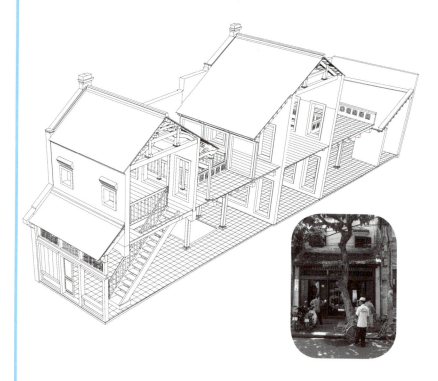

たとえばこれは、ベトナムの首都・ハノイの
「チューブハウス」って呼ばれている家だ。
間口は3mほどしかないのに、
奥行きはなんと、100mを超えるものもあるんだよ。

100mってすごい！
長いなんてもんじゃないですね。

こんな敷地にどういうふうに家を建てるんですか？

ところどころに庭を設けて、光や通風を確保する。
建物→庭→建物→庭というふうにつくっていくんだ。

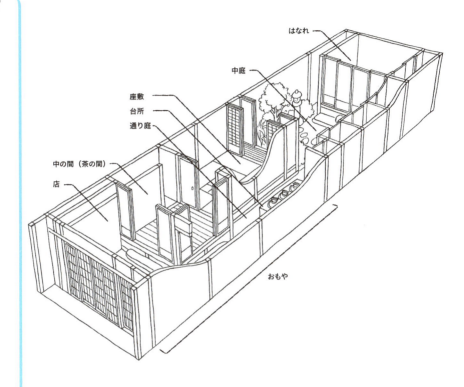

京町家はここまで長くなくて、奥行き30mが標準だ。
豊臣秀吉が町のブロックを2つに割ったから(167ページ)、
それが基準だね。
そして、通り側から順に
「おもや→庭→はなれ」と並べられたんだ。
おもやは、縦に3つの部屋を並べるのが原則だ。
4つにする場合もあるけど、それ以上数を増やしたら、
日が当たらない部屋ができてしまうからね。
まず、通りに一番近い側の部屋は
お客さんと会う場所、つまり「店の間」とされた。

昔は生産の場と生活の場が同じだったからだね。
そこは誰でも入れる公共性の高い場所ってわけだ。
その次は、家族の集まる茶の間だ。
家の真ん中にあるので「中の間」などと呼ばれた。

茶の間にいれば誰が来たかもわかるから、
店番にも便利そうですね。
でも外には面していないんだ。3つ目は？

 一番奥は「座敷」だ。
床の間なんかがある、
その家で一番ランクの高い空間だ。
そこは中庭に面していて
昼は大切なお客さんを迎える場所、
夜は主人の寝室になった。
同じ家の中でも
こうやって順序よく空間が使い分けられているんだ。
これって、住みやすい家をつくる上で
とっても大切なんことだよ。
長細い町家では、それが自然とできていたんだ。

いまの家のほうが、むしろあまり考えられていないんじゃ？

 そうかもしれないね。
町家には、いまの住空間にはなかなかないような
豊かな空間がつくられていたんだ。

間口をせまくして
店を多くかまえるなど
「集まって暮らす」ための
くふうがなされているんだ。

10-4 京町家のなぞ②
ふつうの家とどうちがう?

町家って、いまの家とどうちがっているだろう。
まず「顔」からして、けっこうちがってると思わない?

うん。窓にある、細い木の集まりはなんですか?

これは「格子」だ。外からは中が見えにくいけど、
中からはけっこう見えるから、通りのようすもわかる。
完全に閉まっているわけじゃないから
外の人も中の気配を感じられて、さびしくない。
中と外の間に「つかずはなれず」の
うまい関係が成立しているんだよ。

うちの通りぞいはブロック塀だけど、これに比べると、
なんか味気ない感じがしてくるよ。

 昔の住宅の知恵を、いまの家にも生かしたいよね。
それと、正面に「ひさし」がまわっているだろう?
これはどんな役割があるか、わかるかな?

うーん、雨やどりができるとか?

 そう、日ざしや雨をふせぐのが第一の役割だ。
それにひさしがあると、とくにフェンスなんかがなくても
「ひさしの下までがその家のスペースだ」
って気分にならないかい?

たしかに言われてみれば。
その中には、ちょっと近寄りにくいかな。

 ひさしの下は、お店と通りをつなぐ
ちょうど中間のスペースってわけ。
歩く人にもお店の人にも居心地の良い空間が
そこに生まれているんだ。

なるほどね。

 町家は建物の中も面白いよ。
土足で表から裏口まで通り抜けできる
「通り庭」って呼ばれる空間があって、
台所がその通り庭の一番奥に置かれるんだ(172ページ)。
ちょうど「座敷」とカベ一枚はさんだ位置だ。
天井はなくて、屋根まで吹き抜けているのが普通だ。
これは明かりとりや、ケムリをにがすためだね。

面白いね。おうちの中なのに
外みたいなスペースがあるんだね。
なんかすごくぜいたくな感じがする。

そうだよね。でも最近は
町家が並ぶ中に大きなマンションが建って
中庭への日当たりが悪くなってしまうことも増えたんだ。
古くなった町家をこわしてしまうケースも多い*1。
いっぽうで、町家の空間を大切に思って、
カフェなどに再利用する人々も増えてきた。
行政も動いていて、
京都市では、町家をこわそうと思う人は、
前もって届け出ないといけないという、
きびしいルールをつくっているよ*2。

*1
2008年に4万7700軒あった町家が、2016年には4万軒まで減ったんだ。

*2
2017（平成29）年に制定された「京都市京町家の保全及び継承に関する条例」（京町家条例）。こわすと決めたとしても、1年間はこわさず、その間に町家を欲しい人をさがすしくみもふくまれているんだ。

通り庭や坪庭など
歴史的価値も高い住文化を
今後どう残していくかがカギだね。

10-5 京都のお店の看板の色は、なぜほかとちがうの？

京都って、どうしてカンバンの色が
ほかの町とちがうの？
マ○ドナルドも、なんか茶色っぽいし。

そうそう、どのチェーン店も
地味めに抑えているよね。
看板っていうのはもともと
人の目を引くためにつけるものだ。
じゃあ、京都ではなんでわざわざ
それを目立たなくしているか？
それはひとことで言えば「景観」、
つまり見た目の問題なんだ。

ほかの町ではオッケーでも、京都ではダメってこと？

そう。もともと歴史ある都市だから、
「風致地区制度」(70ページ)を活用するなどして
美しい町を守る取り組みは早くからされていたんだ。
でもバブル期以降、
時代の波には勝てずに再開発が進んで、
高いビルがどんどん建って、ハデな看板がつけられた。
昔ながらの京都のまちなみがどんどんなくなってしまう
問題が起きたんだ。
それで京都市はルールをさらにきびしくした。
2007年のことだ＊。
ほかの地域では、看板をつけるのに
そんなにきびしくはチェックされないって話をしたよね

＊
京都市屋外広告物等に関する
条例(平成19年改正)

（138ページ）。
京都は特別きびしい基準で
色や大きさが決められているんだ。
ビルの屋上に建てる看板も禁止されたんだよ。

そうだったんだ。
でも、それだけきびしいと
お店の人は困るんじゃないですか？

そうだね、目立たないとお客も減るし
看板を直すのにお金もかかる。
お店や会社の反発は多かったそうだよ。
だから市は、急にすべてを変えなくてすむように
この間は変えなくてもいいです、
待ちますよっていう期間を7年つくった。
それと、デザインをきれいにつくり直すなら
補助金も出しますよって制度もつくったりしたんだ。
そういう努力が実って、現在ではほとんど100%近く、
ルールどおりの看板がつくられるようになったんだよ。
もともと京都の人は
自分たちの町を美しくしたい、
そういう景観に対する思いが
ひときわ強かったんだね。
看板の色は、そのことのあらわれなんだと思うよ。

看板の色で
景観がこわされないよう
まちなみを統一しているんだ。

なにがちがうの？　京都のまちの暮らし方

10-6 日本ではじめて小学校ができたのは京都ってホント？

京都は長い歴史がある町だけど、
実は日本の小学校の歴史がはじまったのも
京都が最初なんだよ。

そうなの？　なにか理由があるんですか？

江戸時代から明治時代に代わって、
首都の機能が東京に移された。
天皇も京都御所からいまの皇居に住まいを移られた。
そこで人口が減り、京都は大きな危機をむかえたんだ。
そんな状況の中、京都の人がエラかったのは、
新しい時代をつくるためには
なによりまず「人」を育てることが大切だと考えて、
子どもたちの教育に力を入れることにしたんだ。

なんかうれしくなりますね！

そうだね。ぼくらも見習わなきゃね。
そして1869年(明治2)には、64の小学校が設立された。
実はこれ、全国のほかの小学校とは
成立のしかたがちがうんだ。
というより、明治政府が外国にならって
新しい小学校制度を発布したのが1872年(明治5)だから、
3年も前に設立されているわけだ。
これはなんでだと思う？

ナゾですね……。それだけ熱意があったってことですか？

うん、それもまちがいないね。
実はね、ここには
「町衆」(168ページ)の存在が深くかかわってるんだよ。
京都は前にも言ったように、町人がグループをつくって
自分たちの力でとなり近所を守り合っていたんだ。
それを「町組」っていうけれど、
この町組のみんなでお金を出し合って
自分たちのエリアに小学校をつくったんだ。
「地域の住民がお金を出し合って学校をつくった」
ことが、人と人とのつながりが強かった、
この町らしい一番の特徴って言える気がするね。

みんなでお金を出し合ったってことは、
その小学校はほんとうにみんなのものだったんですね！

そういうこと。
だから、時を経ていくつかの学校は閉校したけれど、
広く公共に役立つ施設として
生まれ変わったものもあるんだ。
「京都国際マンガミュージアム」「京都芸術センター」
などがそうだ。

やっぱり京都って、文化を大切にしてきた町なんですね。

そう。ぼくも長々と余計なことを話してきたけど、
根っこにある思いは明治の京都の人とおんなじなのだ！
まだまだしゃべり足りないのだ！！

えーっと、まだお話は続くのでしょうか……。
そこから先は、また今度にしません？

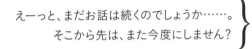

ホントです。
「町組」が大きな役割を果たしたんだ。

キーワードさくいん

あ

空き家問題 ……………………… 92
アルベルゴ・ディフーゾ …… 130
暗渠 ……………………………… 154
営造物公園 …………………… 106
エリアマネジメント ………… 122
御土居 …………………… 35,167

か

買い物難民 ……………………… 50
河川敷 …………………………… 161
角地建築 ………………………… 118
幹線道路 ………………………… 134
神田上水 ………………………… 45
関東大震災 ………………… 33,150
北側斜線制限 …………………… 78
鬼門 ……………………………… 41
区画整理 …………………… 85,153
グリーンベルト …………… 26,59

建築基準法 ………………… 73,139
建築協定 ………………………… 72
建ぺい率 …………………… 81,118
公開空地 …………………… 98,122
工作物 …………………………… 139
格子 ……………………………… 173
高度成長期 ………………… 59,154
国立公園 ……………………… 106
コンパクトシティ ………… 60,61

さ

サード・プレイス ……………… 101
在郷町 …………………………… 37
座敷 ……………………………… 172
シェアリング・エコノミー … 129
市街化区域 ………… 59,67,94,133
市街化調整区域 …… 59,95,133
下町 ……………………………… 68
自転車専用通行帯 …………… 147

自転車ナビマーク …………… 147
寺内町 …………………………… 36
シャッター通り ………………… 52
宿場町 …………………………… 37
首都機能の移転 ………………… 57
聚楽第 …………………………… 167
城塞都市 ………………………… 36
上水道 …………………………… 164
消滅可能性都市 ………………… 58
浸透ます ……………………… 158
スーパー堤防 ………………… 151
すみ切り ……………………… 117
生活道路 ……………………… 134
生産緑地 ……………………… 94
接道義務 ……………………… 132
総構え ………………………… 35
相続税 ………………………… 87

た

ダイバーシティ ……………… 113
建売住宅 ……………………… 72
玉川上水 ……………………… 45
タワマン（タワーマンション） ‥ 53
地域制公園 …………………… 106
地区計画制度 ………………… 84
地方創生 ……………………… 57
町衆 …………………… 168,179
調整池 ………………………… 157
鎮守の森 ……………………… 126
筑波山 ………………………… 41
辻 ……………………… 110,117
寺町 …………………… 36,126,167
天空率 ………………………… 77
東京オリンピック …… 154,159
道路斜線制限 ………………… 74
通り庭 ………………… 171,174
都市計画区域 ………………… 132

は

都市公園 ……………………… 106

バブルの時代 ………… 96,144
日影制限 ……………………… 80
ピクトグラム（絵文字）… 143
ビジネスセンター …………… 29
広場ボーナス ………………… 99
風致地区制度 ………… 70,176
プロムナード ………………… 140
分散型ホテル ………………… 131
平安京 ………………………… 165

ま

町組 …………………………… 179
町家 …………………… 169〜175
見附 …………………………… 35
明暦の大火（振袖火事）… 149
門前町 ………………………… 37

や

山の手 ………………………… 68
遊水池 ………………………… 157
ユニバーサルデザイン …… 114
容積率 ………… 81,99,119,158
用途地域 ……………………… 67

ら

立地適正化計画 ……………… 63
隣地斜線制限 ………………… 79
ロードサイドショップ …… 51

監修
福川裕一（ふくかわ・ゆういち）

1950年、千葉県生まれ。千葉大学名誉教授。クリエイティブタウン推進機構、全国町並み保存連盟代表理事。専門は都市計画・都市デザイン、特に歴史的環境の保全、中心市街地再生。川越、佐原、長浜、小諸、高松丸亀町、石巻などのまちなかのまちづくりにかかわる。
1998年都市住宅学会賞（論説賞）、2000年日本建築学会賞（ホイアン町並み保存プロジェクト）、日本都市計画学会賞・石川賞（『ぼくたちのまちづくり』岩波書店）。
共著に『持続可能な都市―欧米の試みから何を学ぶか』、『〈まちなか〉から始まる地方創生―クリエイティブ・タウンの理論と実践』（ともに岩波書店）など。

イラスト
青山邦彦（あおやま・くにひこ）

1965年、東京都生まれ。早稲田大学理工学部建築学科卒業、同大学大学院修士課程修了後の1991年に、建築設計事務所へ入社。1995年に独立、絵本を描きはじめる。同年、『ピエロのまち』で第17回講談社絵本新人賞佳作を受賞。『ぼくたちのまちづくり』で、日本都市計画学会石川賞を受賞。2002年、ボローニャ国際絵本原画展ノンフィクション部門入選。第20回ブラティスラヴァ世界絵本原画展（BIB）出展。2017年、『大坂城―絵で見る日本の城づくり』で第48回講談社出版文化賞絵本賞を受賞。

おもな参考文献（順不同）

『ぼくたちのまちづくり』全4巻　岩波書店
『都市空間のデザイン』　岩波書店
『〈まちなか〉から始まる地方創生』　岩波書店
『日本の都市空間』　彰国社
『広場のデザイン　「にぎわい」の都市設計5原則』　彰国社
『都市計画とまちづくりがわかる本』　彰国社
『日本の都市から学ぶこと　西洋から見た日本の都市デザイン』　鹿島出版会
『地形で解ける！　東京の街の秘密50』　実業之日本社
『白熱講義　これからの日本に都市計画は必要ですか』　学芸出版社
『水の都市　江戸・東京』　講談社
『ショッピングモールから考える　ユートピア・バックヤード・未来都市』　幻冬舎
『江戸→TOKYO　なりたちの教科書』　淡交社
『新版　京都・観光文化検定試験公式テキストブック』　淡交社
『京の町家案内　暮らしと意匠の美』　淡交社
『ニッポンを解剖する！京都図鑑』　JTBパブリッシング
『地方は活性化するか否か』　学研プラス
『みんなが欲しかった！　宅建士の教科書』　TAC出版

監修	福川裕一
ブックデザイン	辻中浩一
	渡部文　吉田帆波（ウフ）
目次イラスト	青山邦彦
本文挿図	青山邦彦　フジイイクコ
写真	淡交社編集部
	国立国会図書館デジタルコレクション（p39,43,104,109,162）
	PIXTA（p51,62,114,128,143,149）
	豊島区提供（p101）
	福川裕一（p170）

東京スカイツリー、スカイツリーは、
東武鉄道(株)・東武タワースカイツリー(株)の登録商標です。

超入門！ニッポンのまちのしくみ
「なぜ？ どうして？」がわかる本

2019年3月28日　初版発行

編　者	淡交社編集局
発行者	納屋嘉人
発行所	株式会社 淡交社
	本社　〒603-8588　京都市北区堀川通鞍馬口上ル
	営業　075-432-5151　編集　075-432-5161
	支社　〒162-0061　東京都新宿区市谷柳町39-1
	営業　03-5269-7941　編集　03-5269-1691
	www.tankosha.co.jp
印刷・製本	三晃印刷株式会社

©2019　淡交社　Printed in Japan
ISBN978-4-473-04299-6

定価はカバーに表示してあります。
落丁・乱丁本がございましたら、小社「出版営業部」宛にお送りください。送料小社負担にてお取り替えいたします。
本書のスキャン、デジタル化等の無断複写は、著作権法上での例外を除き禁じられています。また、本書を代行業者等の第三者に依頼してスキャンやデジタル化することは、いかなる場合も著作権法違反となります。